U0304200

"十二五"普通高等教育本科规划教材

高分子材料与工程实验教程

第二版

肖汉文　　王国成　　刘少波　　编著

化学工业出版社

·北京·

内容简介

  本书分为四章，第一章是高分子材料成型加工中的一些基本知识，主要包括高聚物材料的特征、试样的制备、实验数据的处理以及影响实验结果的因素；第二章是高分子材料与工程实验性能测试，主要包括高聚物的吸水性、密度、流变性能以及橡胶硫化特性；第三章是高分子材料的性能测试，主要包括材料的力学性能、热性能、电性能、燃烧性能、光性能以及渗透性能；第四章是高分子材料的成型加工性能，主要包括模压成型、挤出成型、注射成型、二次成型和其他成型。本书最后设有附录，给出了本书实验中部分聚合物常用的一些基本数据。

  本书为高分子材料专业本科生用实验教材，也可供从事高分子材料研究、开发和应用的研究生和工程技术人员参考。

图书在版编目（CIP）数据

  高分子材料与工程实验教程/肖汉文，王国成，刘少波编著. —2 版. —北京：化学工业出版社，2015.3
（2023.2 重印）
  "十二五"普通高等教育本科规划教材
  ISBN 978-7-122-22635-8

  Ⅰ. ①高… Ⅱ. ①肖…②王…③刘… Ⅲ. ①高分子材料-实验-高等学校-教材 Ⅳ. ①TB324.02

  中国版本图书馆 CIP 数据核字（2014）第 301673 号

责任编辑：杨　菁   文字编辑：徐雪华
责任校对：王素芹   装帧设计：史利平

出版发行：化学工业出版社(北京市东城区青年湖南街 13 号　邮政编码 100011)
印 装：北京捷迅佳彩印刷有限公司
787mm×1092mm 1/16 印张 8¾ 字数 212 千字 2023 年 2 月北京第 2 版第 6 次印刷

购书咨询：010-64518888   售后服务：010-64518899
网 址：http://www.cip.com.cn
凡购买本书，如有缺损质量问题，本社销售中心负责调换。

定　价：43.00 元

前　言

　　《高分子材料与工程实验教程》自 2008 年 1 月第一版出版以来，受到各校师生的欢迎，并多次重印。在教学实验过程中，发现教材中的一些问题，听取了全国相关学校教师和学生等各方面的意见和建议，编者决定对教材进行修订。一方面对原书中存在的不妥之处进行更正，另一方面通过对相关章节的修编，跟进测试仪器的变化，适量增加了主要的高分子材料成型加工方法的实验内容，高分子材料成型加工实验的编排更加有利于区分不同的成型加工方法。

　　在编写过程中，秉承了前一版的编写初衷，保持其系统性、科学性、实用性。教材以高分子材料性能测试和成型加工为主题，注重理论与实际的结合。在高分子材料性能测试章节中，对材料的拉伸强度、压缩强度和弯曲强度进行了较大的修改，以满足测试仪器变化的要求。在高分子材料成型加工实验章节中，对章节的实验内容进行了重新编排，实验内容与高分子材料成型加工方法的对应关系更加清晰。

　　本书第一章，第二章（实验一～三）、第三章（实验十二～十五）及附录由王国成编写；第二章（实验四～八）、第三章（除实验十二～十五）、第四章（第一节～第二节）由肖汉文编写；第四章（第三节～第五节）由刘少波编写；全书由肖汉文统筹、定稿。

　　由于高分子材料成型加工技术发展很快，加之高分子材料成型加工涉及面广，故本书虽经修订，受编者实际经验和水平所限，书中不妥之处，敬请读者批评指正。

编者
2014 年 12 月

第一版前言

本书以高分子材料成型加工和性能测试为主题，突出实验原理、实验仪器设备、实验过程及试样制备等，注重实验结果的数据处理与讨论。

本书共分为四章。第一章为高分子材料与工程实验的基础知识，这一部分主要是试样的制备和实验数据处理；第二章为高分子材料成型工艺性能测试，这一部分主要是介绍材料的吸水性、密度、流变性能测试以及橡胶硫化特性；第三章为高分子材料的性能测试，这一部分主要是高分子材料的力学性能、热性能、电性能、燃烧性能、光学性能及渗透性能测试等；第四章为高分子材料的成型加工性能，这一部分主要是介绍模压成型、注射成型、中空吹塑成型、热成型及发泡成型等。附录部分提供了与本书内容有关的一些聚合物数据。本书注重理论与实践的结合，但在编写过程中避免了繁琐的理论，主要侧重与实验有关的原理叙述。另外，在成型加工实验中，成型加工设备图占了较大的篇幅，目的是加深学生对成型加工设备的了解，因为成型加工设备对高分子材料成型加工是很重要的，但这一点在以前的同类实验教材中往往被忽视。

本书第二章（实验四～八）、第三章（除实验十二～十五）由肖汉文编写；第一章，第二章（实验一～三）、第三章（实验十二～十五）及附录由王国成编写；第四章由刘少波编写；全书由肖汉文统稿。

本书在编写过程中得到了湖北大学的资助，并得到化学工业出版社以及湖北大学材料科学与工程学院的支持，谨此一并致谢。

本书在编写中，参考了其他相关的文献资料。在此，向被参考文献的作者表示感谢！由于编者水平有限，书中难免有疏漏之处，敬请批评指正。

编者
2007 年 12 月

目 录

第一章 高分子材料与工程实验基础知识

第一节 原材料特征

高分子材料与工程实验所涉及的主要原料为塑料、橡胶及一些化学药品。化学药品包括塑料和橡胶添加剂，有机、无机溶剂和化学反应试剂。在进行实验之前，应尽可能多地了解所用原材料特性，以便正确拟定实验条件，避免操作错误，保证实验安全、顺利地完成。

一、塑料特性

由于塑料的组成和结构的特点，使塑料具有许多优异的性能。一般来说，与金属和无机材料比较，塑料具有高的比强度，优异的电绝缘性能，化学稳定性好，优良的减摩、耐磨性能和方便灵活的可加工性。当然，塑料材料也有一些严重的缺点。它容易燃烧；它的耐热性能远不如金属，一般的塑料仅能在 100℃ 以下工作；它的热膨胀系数要比金属大 3～10 倍，容易受温度变化而影响尺寸的稳定；在受力状态下工作，蠕变现象严重，以及在日光、气雾、长期应力作用下会发生老化现象，使其性能变坏。

二、橡胶特性

橡胶是室温下具有黏弹性的高分子化合物，是在适当配合剂存在下，在一定温度和压力下硫化而制得的弹性体材料。橡胶和塑料的差别主要是它们的玻璃化温度（T_g），前者的玻璃化温度低于室温，在室温下通常处于高弹态，呈现弹性；后者的玻璃化温度高于室温，在室温下处于玻璃态，呈现塑性。

三、化学药品特性

化学药品可分为普通化学药品和危险化学药品。普通化学药品无毒、无腐蚀性、对热、光及氧稳定，对环境污染小。常见的普通化学药品有邻苯二甲酸酯系列增塑剂，聚烯烃蜡类润滑剂，氧化锌、二氧化钛、碳酸钙等无机填料。危险化学品根据国家标准 GB 13690—92，按其主要危险特点分类，常用危险化学品分为下列八类。

（1）爆炸品 系指在外界作用下（如受热、受压、撞击等），能发生剧烈的化学反应，瞬时产生大量的气体和热量，使周围压力急剧上升，发生爆炸，对周围环境造成破坏的物品，也包括无整体爆炸危险，但具有燃烧、抛射及较小爆炸危险的物品。

（2）压缩气体和液化气体。

（3）易燃液体 系指易燃的液体、液体混合物或含有固体物质的液体，但不包括由于其危险特性列入其他类别的液体。其闭杯实验闪点等于或低于 61℃。

（4）易燃固体、自燃物品和遇湿易燃物品 易燃固体是指燃点低，对热、撞击、摩擦敏感，易被外部火源点燃，燃烧迅速，并可能散发出有毒烟雾或有毒气体的固体，但不包括已列入爆炸品的物品。

自燃物品系指自燃点低，在空气中易发生氧化反应，放出热量，而自行燃烧的物品。

遇湿易燃物品系指遇水或受潮时，发生剧烈化学反应，放出大量的易燃气体和热量的物品。有时不需明火，即能燃烧或爆炸。

（5）氧化剂　氧化剂系指处于高氧化态，具有强氧化性，易分解并放出氧和热量的物质。包括含有过氧基的无机物，其本身不一定燃烧，但能导致可燃物的燃烧，与松软的粉末状可燃物能组成爆炸性混合物，对热震动或摩擦较敏感。

（6）有毒品　系指进入肌体后，累积达一定的量，能与体液和器官组织发生生物化学作用或生物物理学作用，扰乱或破坏肌体的正常生理功能，引起某些器官和系统暂时性或持久性的病理改变，甚至危及生命的物品。经口摄取半数致死量：固体 $LD_{50} \leqslant 500mg/kg$，液体 $LD_{50} \leqslant 2000mg/kg$；经皮肤接触24h，半数致死量 $LD_{50} \leqslant 1000mg/kg$；粉尘飞烟雾及蒸气吸入半数致死量 $LD_{50} \leqslant 10mg/L$ 的固体或液体。

（7）放射性物品　系指放射性比活度大于 $7.4 \times 10^4 Bq/kg$ 的物品。

（8）腐蚀品　系指能灼伤人体组织并对金属等物品造成损坏的固体或液体，与皮肤接触在4h内出现可见坏死现象，或温度在55℃时，对20钢的表面平均年腐蚀率超过6.25mm/L的固体或液体。

每种常用危险化学品都易发生某些具有基本危险特性的反应。例如含硫着色剂锌钡白遇酸液分解释放出硫化氢，长期日晒会变色；二亚硝基对苯二甲酸酰胺发泡剂为爆炸物，对冲击和摩擦敏感；胺类尤其多胺固化剂有毒性；玻璃纤维、石棉等增强物的粉末吸入人体肺中会导致硅沉着病（矽肺病），直接接触人体皮肤会引起瘙痒、红斑等症状。

第二节　试样制备

试样制备主要有四个途径：直接从塑料制品上截取试样、直接从树脂取样、间接从压制板材上切取试样、直接注塑成型标准试样。

一、直接从塑料制品上截取试样

直接从塑料制品上截取试样应根据制品相应的标准规定或按制品提供者的要求进行。

二、直接从树脂取样

若取样目的是要求得到产品总体质量平均值，可由各包装件中取出的样品进行混合实验。取出的样品总量至少应为做实验的需要用量的两倍。在每个选中的抽样单位中取出大体等量的样品混合均匀，一分为二，一份送交实验，另一份密封保存。每份样品都得注明产品名称、销售批号、生产日期及取样时间等。

若取样目的是要求得到整批产品内各抽样单位间质量分散性情况，取出的样品不可混合，要单独实验，这时从每个抽样单位中取出的样品量应为做实验必需用量的两倍，分别混合均匀后，一分为二，一份送交实验，另一份密封保存。同样每份样品都得注明产品名称、销售批号、生产日期及取样时间等。

对于用量极少的实验，应从确定的抽样单位中取出几倍、几十倍于实验用量的样品，用锥形四分法均匀缩样，直到取得合适用量。有些颗粒粒子较大，可在缩至一定程度后，用机械粉碎的方法，粉碎成小颗粒后再进行缩样。

三、间接从压制板材上切取试样

（1）热塑性塑料压缩模塑试样制备　热塑性塑料压缩模塑试样制备参照国家标准 GB 9352—88 规定进行。压塑试样制备在模压机上进行，要求模压机加热时模温温差≤±2℃，冷却时模温温差≤±4℃，模压机合模力≥10MPa。

模具结构形式有两种：溢料式和不溢料式，分别如图 1-1、图 1-2 所示。溢料式模具适用于制备试样与片料厚度相似或具有可比性的低内应力的试样，不溢料式模具适用于制备表面坚固平整、内部没有空隙的试样。

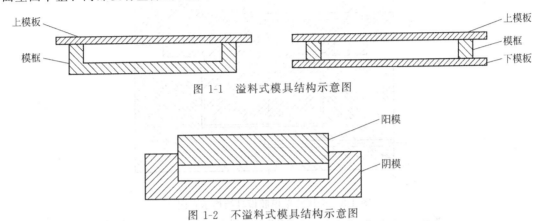

图 1-1　溢料式模具结构示意图

图 1-2　不溢料式模具结构示意图

具体操作步骤如下：

① 原料　可用粒料或片状料，根据原料有关标准或材料提供者说明选择是否干燥以及干燥条件。

② 预成型　通常，用物料直接模塑能得到平整均匀的片料，但是，如果物料需要均化时，可用双辊塑炼均化原料。为了不使聚合物降解，塑炼时物料在熔融状态停留的时间不要超过 5min，预成型片需要在干燥密封的容器内贮存。

③ 模塑　将压板或模具的温度调节到有关标准规定的模塑温度，当温度恒定时，将称量过的材料（粒料或片状料）放入模具中。使用粒料时，应将粒料铺平在模具型腔内，材料的量要足以熔融充满模腔。对溢料式模具允许有约 10% 的损失，对不溢料式模具允许 3% 的损失。将模具置于模压机的下压板上，闭合压板，在接触压力（压机刚好闭合时不致使材料流动的最高压力）下对材料预热 5min，然后施加全压（足够使材料成型并把多余材料挤出的压力）2min，随即冷却。在预热和热压期间，温度波动允许在 ±5℃ 之内。对于厚度为 2mm 的试片，标准预热时间是 5min，对于较厚的模塑件预热时间应相应调整。

④ 冷却　对于某些热塑性塑料冷却速率影响其最终性能，本标准中规定了四种冷却方法，见表 1-1。冷却方法应根据材料的有关标准来选取，若无标准或约定，可使用方法 B。

表 1-1　冷却方法

冷却方法	平均冷却速率/(℃/min)	冷却速率/(℃/min)	备　注
A	10±5	—	—
B	15±5	—	—
C	60±30	—	急冷
D	—	5±0.5	缓冷

⑤ 截取试样　当热塑性塑料压塑片材成型冷却后，选取表面无缺陷的片材，应用专门的制样机械或冲压加工，从片材中心部分（离模片周边宽 20mm 的区域）制取试样。试样的几何形状按照测试的相应标准规定选取。试样的机械加工参照 ISO 2818—1980 标准进行。

（2）热固性塑料压塑试样制备　热固性塑料压塑试样制备参照国家标准 GB 5471—85 进行。全压式单模腔模具结构示意图如图 1-3 所示，不同材料模塑条件如表 1-2 所示。

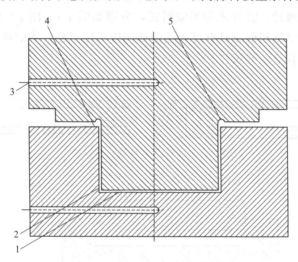

图 1-3　全压式单模腔模具结构示意图

1—模腔；2—凸缘斜度小于 3°；3—测温孔；4—间隙（不大于 0.1mm）；5—空腔

表 1-2　不同材料模塑条件

项目和条件	酚醛模塑料		氨基模塑料		
	细粒	粗粒	脲醛	三聚氰胺-甲醛	
				通用	食用
预处理	如试样进行电性能测试				
干燥	允许		允许	允许	允许
预压锭	可以，并能改进性能，缩短固化时间				
高频预热					
排气	允许		允许	允许	允许
模塑温度/℃	160±2		150±2	150±2	160±2
压力/MPa	25～40	40～60	20～40	20～40	20～40
固化时间/(min/mm)	1		0.5～1.0		

基本操作步骤包括：确定模塑条件、调节并恒定温度、按体积称取样品、预热、装料、加压、固化、脱模、检查样片、截取试样。

四、直接注塑成型标准试样

直接注射成型标准试样主要是用于热塑性塑料和热塑性聚合物基复合材料测试试样成型。由于注射成型工艺条件、模具结构、注塑机控制精度都影响熔体流动，从而对试样微观结构形态有重要影响，尤其是成型工艺条件和模具结构，因此必须使用统一规定的模具结构，并在实验报告中标明材料注射成型工艺条件，保证试样的微观结构和性能基本一致。

目前，注射成型标准测试试样的模具一般可分为两大类：单型腔模具和多型腔模具，分别如图1-4、图1-5所示。多型腔模具（a）、（c）、（d）因一次成型的几个试样之间差异很小，性能一致，较为常用。

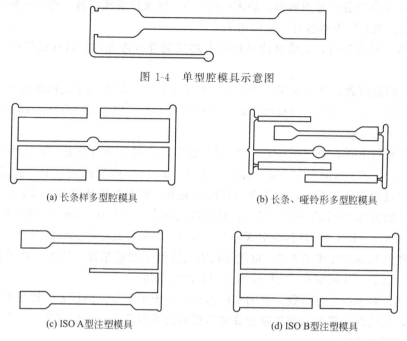

图1-4　单型腔模具示意图

(a) 长条样多型腔模具　　　　　　　　(b) 长条、哑铃形多型腔模具

(c) ISO A型注塑模具　　　　　　　　(d) ISO B型注塑模具

图1-5　多型腔模具示意图

注塑试样一般采用往复式螺杆注射机，注塑机的控制系统应满足一定的精度要求，如：注射压力±3%，熔体温度±3℃，注射时间±0.1s，注保压力±5%，模具温度±3℃（≤80℃）或±5℃（>80℃），注射量±1%。

注塑条件参照材料的相关标准或与提供材料者协商确定。

第三节　试验数据处理

试验的过程，包括取样、制样、测量、计算等各个环节，对测试结果的精确程度都有影响。无论是直接的还是间接的测试，都是为了得到测定量的真实值，但是，测定量的真值是不可能得到的，而所得到的仅仅是被测定量真值的近似值。

一、近似数与有效数字

在测试过程中，由于受种种不可控制的和不可避免的主观与客观因素的影响，尽管采用很精密的仪器、很完善的测试方法，由很细心很熟练的人员来进行测试，但每次测试的结果也不可能完全一致，总会有一定的误差。另外，在测试时，往往也要进行一些计算，在计算中经常会引入一些无穷小数形式的数。因此，要以测量误差为依据将所测试得到的或计算得到的数值截取成所需要的数位。对于那些小于测量误差的数字，数位取的再多也是没有意义的，而且会给计算带来很大的麻烦，但如果只是为了计算上的方便，而将近似数的数位取得过少，甚至少于测量所能达到的精确度，也是不合理的。

近似数的截取规则主要为：

① 若舍去部分的数值大于所保留的末位的 0.5，则末位加 1；

② 若舍去部分的数值小于所保留的末位的 0.5，则末位不变；

③ 若舍去部分的数值等于所保留的末位的 0.5，则末位凑成偶数。即当末位数已为偶数时，末位不变；当末位为奇数时，末位加 1；

④ 对负数进行截取时，先将其绝对值按上述规则进行进舍，然后在截好的数值前加上负号。

如果截得的近似数，其绝对误差是末位上的半个单位，那么这个近似数从第一个不是零的数字起，到这个数位为止，所有数字都称为有效数字。一个近似数有几个有效数字，叫这个近似数有几个有效数位。

在判断有效数字时，要特别注意 "0" 这个数字，它可以是有效数字，也可以不是有效数字。例如：0.00274 前面三个 0 都不是有效数字，而 180.00 后面的三个 0 都是有效数字，因为前者与测量的精确度无关，而后者却有很大关系。根据有效数字的定义，0.00274 表示其真值所在区间为 0.002735～0.002745，其绝对误差为 0.000005，而 180.00 表示其真值所在区间为 179.995～180.005，其绝对误差为 0.005。如果将其小数点后的两个 0 去掉，此时其绝对误差就由 0.005 变成了 0.5，也就是说大大降低了测量精度。因此，决不能在小数部分的右边随意添加 0 或减少 0，以免改变近似数的精确度。

如上所述，对于一个近似数，它的末位都是有小于半个单位的误差，即近似数的末位是一个估计值，那么在运算中如何确定运算之后得到的近似数呢？一般而言，近似数的运算可以按照如下规则来确定：

① 加减运算　在近似数相加（加数不超过 10 个）或相减时，小数位数较多的近似数只要求比小数位数最少的那个数多保留一位，其余按照 "四舍五入" 法均将它们截去，然后进行计算，在计算的结果里，应保留的小数位数和原来近似数的小数位数最少的那个数的位数相同。

② 乘除运算　当两个近似数相乘或相除时，有效数字较多的近似数只要比有效数字最少的那个多保留一位，其余均舍去。在计算结果中，从第一个不是零的数字起，应保留的数字的位数和原来近似数里有效数字最少的那个相同。

③ 乘方或开方运算　计算的结果从第一个不是零的数字起，应保留的数字和原来近似数的有效数字的位数相同。

在多步运算时，中间步骤计算的结果，所保留的数字要比上面的规定多取一位。对于在求算术平均值时，如果是四个以上的数进行平均，则平均值的有效位数可多取一位，因为平均值的误差要比其他任何一个数的误差小。在对测量结果和评定这个测量结果的精确度时，它们的末位应取得一致，如 3.74±0.125 应写成 3.74±0.12。

二、数据分析

凡是由实验得到的数据，都存在一定的误差，甚至有的还相当大，然而，对这些具有较大误差的试验结果，如何断定它们是否符合试验需要，或者就是否相信可靠？通常采用数学方法，从中寻求它们的规律，以确定对它们的取舍。试验数据，是用有限的试样进行有限次数试验得到的，而这些有限的试样是从样品的总体中随机抽取出的。处理数据的责任就是通过用有限试样进行试验所得的结果来推断样品总体的性质。

总体是指研究对象的全体，个体是指总体中的一个基本单元。总体是由个体组成，总体的性质是通过个体表现出来。但是我们对个体性质的了解，只能通过有限个的个体，不应该也不可能把总体中的全部个体都拿来进行试验，因为试验不可能进行无限次。为了推断总体的性质，从总体中随机地抽取出一部分个体来进行试验，这些被抽取出的一部分个体，称为子样或样本，子样所包含的个体数目称为子样大小或样本容量。人们从大量实践中证明了：在试验过程中，所产生的随机误差，绝大多数都是遵循正态分布规律的。

高分子材料与工程实验中，常用的数据分析表示法有以下几种。

（1）平均值与标准偏差　如果从总体中随机抽取出 n 个试样进行试验，从而得到 n 个试验数据 $x_1, x_2, \cdots, x_n$，则这 n 个数据的算术平均值就称为样本的平均值，用 $\bar{x}$ 表示。即

$$\bar{x} = \frac{1}{n}(x_1 + x_2 + \cdots + x_n) = \frac{1}{n}\sum_{i=1}^{n} x_i \tag{1-1}$$

当由样本来推断总体的性质时，总体平均值总是用样本平均值来估计的，样本容量越大，即 n 越大，样本的平均值就越接近总体的平均值。

标准偏差是表征同一被测量值的 n 次测量所得结果的分散性的参数。标准偏差可用下式计算：

$$\sigma = \left(\frac{\sum d_i^2}{n}\right)^{\frac{1}{2}} \tag{1-2}$$

式中　n——测量次数（应充分大）；

d_i——测量值与被测量的量的真值之差。

实际上，被测量的量的真值是不可能得到的，在有限次测量的情况下，通常用偏差 V_i 来代替上式中的 d_i，并用下式来计算标准偏差的估计值：

$$s = \left(\frac{\sum V_i^2}{n-1}\right)^{\frac{1}{2}} \tag{1-3}$$

式中　V_i——测量值与平均值 $\bar{x}$ 之差。

通常称 σ 为标准误差，称 s 为标准偏差，当 n 趋近于无穷大时，$s = \sigma$；当 n 为有限数时，s 为 σ 的估计值。在分析试验数据时，往往是采用样本标准偏差 s 作为评价测量结果分散性的指标。s 越大，表示试验数据越分散。

（2）异常值的检验　在一组试验数据中，有时会出现个别的异常值，就是从直观上看，这个数据要比其他数据小得多或大得多。在处理试验数据时，对这样个别异常值是否要剔除？首先要从技术上找原因，或是试验过程中的过失误差，或是其他什么原因造成的。当不易找到原因时，可采用数理统计方法进行检验［通常取置信度 α（或称置信概率）为 95%］，从而判断这个异常值是否应该剔除。检验的方法很多，这里介绍两种常用方法。

① 格拉布斯（Grubbs）检验法　设随机样本 $x_1, x_2, \cdots, x_n$ 来自正态总体，即其服从正态分布。将 $x_i(i=1,2,\cdots,n)$ 按它们的大小，从小到大排列，设为 $x_1 \leqslant x_2 \leqslant \cdots \leqslant x_n$，如果怀疑 x_1（或 x_n）为异常值，那么可以按下述方法进行判定。先求出它们的算术平均值 $\bar{x}$ 和标准偏差 s，然后计算：

$$T = \frac{\bar{x} - x_1}{s} \qquad \left(\text{或 } T = \frac{x_n - \bar{x}}{s}\right) \tag{1-4}$$

将计算得到的 T 值与表 1-3 查得的 $T_{\alpha,n}$ 值相比较，如果 $T > T_{\alpha,n}$，则剔除 x_i 或 x_n，

反之则保留。

表 1-3　格拉布斯界限值

n	$T_{a,n}(95\%)$	n	$T_{a,n}(95\%)$
3	1.15	8	2.03
4	1.46	9	2.11
5	1.67	10	2.18
6	1.82	11	2.23
7	1.94	12	2.28

② t 分布检验法　在几次重复测试中，有个别较大偏差的测量值被怀疑是过失误差时，应先将此测量值剔除，按余下的（$n-1$）个测试值及其偏差 V_i 来计算标准偏差 s：

$$s = \left(\frac{\sum\limits_{i=1}^{n-1} V_i^2}{n-2} \right)^{\frac{1}{2}} \tag{1-5}$$

按置信概率 $P_\alpha = (1-\alpha)$ 和 t 分布的自由度 $v = n-2$ 查表 1-4 确定 t_g 值。

表 1-4　t 分布临界值

v	$t_g(95\%)$	v	$t_g(95\%)$
1	12.71	6	2.447
2	4.303	7	2.365
3	3.182	8	2.306
4	2.776	9	2.262
5	2.571	10	2.228

若被怀疑并被剔除的测试值确实属于含有过失误差，则其偏差应满足：

$$|V_g| \geqslant t_g s \tag{1-6}$$

也就是说，剔除该测试值是合理的，如果不满足上式，则说明该测试值不含有过失误差，应重新将其放入测试值的数列，并重新计算标准偏差 s。

（3）试验曲线　当需要用实验数据绘图时，通常将实验数据描出的点作为节点，由节点连成线段。有时，为了使实验结果的变化趋势更加细微，往往要对所连的实验线段进行光滑处理，最后得到光滑的实验曲线。这些光滑处理的方法有回归法、滑动平均法和拟合法等。目前，随着计算机运用的广泛普及，出现了一些计算软件专门用于处理实验数据，包括绘制实验曲线，例如 Origin7.0 等绘图软件，功能强大，使用也很方便。

第四节　影响实验结果的因素

影响高分子材料与工程实验结果的因素很多，大概可以概括为原材料、制样和测试条件等三个方面。

一、原材料因素

高分子材料通常由树脂和添加剂组成，高分子材料的基本性能随树脂和添加剂品种牌号及其用量而异。树脂品种牌号代表了一定的树脂合成工艺路线、相对分子质量大小及分布、支化度、大分子链结构、共聚、添加剂品种和用量等信息，因此不同牌号的树脂，甚至不同厂家生产的同一牌号树脂，其性能可能有较大差异。另外，为了便于加工和改善材料的性价比，需加入各种添加剂，最终所得高分子材料的某些性能明显优于原树脂。添加剂的品种、生产工艺、包装储存等情况对添加剂在高分子材料中的功效有显著影响。因此，在高分子材料与工程的实验结果中，很有必要标注所用原材料牌号、品级、生产厂家、组成配比等原材料信息。

二、制样因素

在高分子材料与工程实验中所用的实验试样的几何形态有粉状、粒状、板、片、膜、丝和条棒状等，制备实验试样的方法、条件和设备均会通过试样的受热历史、受力历史、分散状态差异，影响实验试样的加工性、微观结构及宏观性能。因此，高分子材料与工程实验需按一定的实验约定或根据一定的测试标准所规定的方法和条件，制备标准测试试样，并注明制备试样所用的方法、条件、设备型号、器具等。

另外，试样的几何尺寸也会影响实验结果。试样几何尺寸的影响又称为尺寸效应，它是由试样内在微观缺陷和微观不同性而引起的。微观缺陷指试样在制备或加工过程中，受到热、力或其他因素作用而产生的显微缝隙（试样表面最容易损伤）；微观不同性指结构上存在缺陷或不均匀性（即具有力学性质、取向结构、分子量等不相同的微区域）。从微观缺陷的观点出发，可以知道：在同一材料的试样中，存在大量的各种形式和程度不同的致命缺陷，最大的致命缺陷决定了试样的结果，就强度来说，它就是最致命缺陷的定量表征；试样体积愈大或表面愈大，存在致命缺陷的概率就愈大，因此从理论上讲大试样的测试结果要比小试样的结果低。在实际测试中，试样的大小对测试结果的影响有时会出现相互抵消的现象，还会经常遇到小试样结果比大试样结果低的现象，尺寸效应对材料力学性能的影响尤为显著，故在高分子材料与工程实验报告中，尤其是测定所列举的性能项目，需注明试样尺寸或测试标准。

由于试样在制备过程中总会产生一些内应力，为了避免这种残余应力对测试结果的影响，在实验之前可根据高分子材料性质，选择性地对试样进行退火处理。退火处理条件取决于高分子材料性质、组成、成型过程及结构，原则上退火温度比材料的玻璃化温度约高 5～10℃，退火过程中试样不能发生变形，退火效果很大程度上由退火时间决定。

三、测试条件

测试的环境条件包括测试温度、湿度、试样的状态和变形速率以及测试设备状况等。测试温度和湿度对测试结果的影响程度取决于所测试的性能项目和试样材料。一般而言，热塑性塑料比热固性塑料更敏感，耐热性低的比耐热性高的更敏感。例如聚氯乙烯在 10℃ 测定的拉伸强度比在 30℃ 下测定的拉伸强度要高 15％ 左右。由此看来，测试温度、湿度标准化很有必要。

同理，试样的环境状态也应标准化。当试样制备之后，测试之前，均应进行状态调节，目前国内外各类标准对标准状态调节的条件规定都相同：在温度 23℃、相对湿度 50％、气压 86～106kPa 条件下，放置 24h。

对于某些比较特殊的材料如聚酰胺、玻纤增强的热塑性塑料的力学性能受吸湿影响很大，需进行特殊状态调节。

由于高分子材料属黏弹性材料，具有明显的形变滞后、应力松弛、蠕变等现象，因此试样的变形速率对测定高分子材料对外界响应性能结果有极大的影响。各类相关性能测试标准均已按材料类别、性能类别一一做了规定，实验操作时必须按规定条件进行，以保证实验数据结果的重复性和可比性。

第二章　高分子材料与工程工艺性能测试

第一节　吸　水　性

塑料吸水性是指塑料浸泡在水中，对水吸收的程度。为了比较塑料这种吸水的能力，通常是将塑料试样在经过干燥后，在规定的试样尺寸、规定温度、规定浸水时间下的吸水量，单位为 mg，或以单位面积吸水量来表示（g/m^2），或以试样质量吸水百分数表示（％）。

塑料的吸水性是塑料重要的物理性能之一，高分子材料含水量过高，对其制品的外观质量、力学性能、电性能、光学性能以及成型性能都会产生不良影响。塑料的吸水性很大程度上取决于材料的基本类型和组成。例如，只含有碳和氢的塑料如聚乙烯、聚丙烯等，其吸水性是很小的，而含有氧或羟基等极性基团的材料则很容易吸水，醋酸纤维素和尼龙是强吸水性塑料的典型例子。含有氯、溴或氟的材料具有防水性，如聚四氟乙烯就是很好的防水材料之一。加入填料、玻璃纤维和增塑剂等也会改变材料的吸水性，这些添加剂若对水有较大的亲和性，尤其是当它们暴露在制品外表面时，其对材料的吸水性显著增加。

实验一　塑料吸水性的测定

1. 实验目的要求

① 了解高分子材料的吸水特性；

② 了解高分子材料含水量测试方法及原理。

2. 实验原理

用来测定塑料水分的方法很多：诸如干燥失重法、蒸气测压法、溶剂共沸蒸馏法、卡尔·费休滴定法以及气相色谱、红外光谱等仪器分析法。对不同塑料，由于各种方法的特殊性（高温下的化学反应、被测聚合物的难溶解、与试剂的某些副反应干扰等），其适应范围都有一定限制。

本实验采用干燥失重法。其原理是将试样在一定温度下干燥 24h，称重，然后将干燥后的试样浸在恒温的水中 24h，再称重，两次质量之差即为试样的吸水量。同样也可得到试样的单位面积吸水量及质量吸水百分率。

干燥失重法简单方便，不需要特殊仪器装置，但干燥过程常常是在较长时间的高温下进行，对于耐热性差的某些塑料易造成过热分解而产生挥发性物质；对另一些塑料还有可能进一步发生缩聚反应而放出水，致使实验结果偏高。其次，由于树脂中多少含有一定量的未聚合体，因此在干燥失重的挥发物中，水并不是唯一的组分。

3. 实验原材料和仪器设备

（1）原材料　试样可以是板材、管材、棒材和型材等，试样尺寸如表 2-1 所示。

表 2-1 试样尺寸

试样类型	试样尺寸/mm	备 注
模塑料 板材	$(50\pm1)\times(3.0\pm0.2)$ $(50\pm1)\times(50\pm1)\times$原厚度 $(50\pm1)\times(50\pm1)\times25$	板厚小于 25mm 时 板厚大于 25mm 时,从一面加工
管材	50 ± 1(长度) $(50\pm1)\times(50\pm1)\times$原厚 长度　外表面 　　　弧长	管径小于或等于 50mm 管径大于 50mm,先截取长度(50 ± 1)mm,再沿通过轴中心两个平面截取使外弧长为 50mm
棒材	50 ± 1(长度) 先车削至 $\phi50\pm1$ 再截取 50 ± 1 长	外径小于或等于 50mm 外径大于 50mm
型材	截取 50 ± 1 一段 将 50 ± 1 一段加工成$(50\pm1)\times(3\pm0.2)$	

(2) 仪器设备

电子天平　　感量 0.1mg

烘箱　　　　常温~200℃,控温精度±2℃

干燥器　　　内装无水 $CaCl_2$

恒温水浴　　控温精度±0.1℃

量具　　　　精度 0.02mm

4. 实验步骤

① 将试样在 (50 ± 2)℃烘箱中干燥 24h,移至干燥器中冷却至室温称量,精确至 0.1mg,并测量试样尺寸;

② 将试样浸在 (23 ± 0.1)℃的恒温水浴中,并保证试样不相互接触,不沉在容器底部,保持 24h,用滤纸或布迅速擦干试样表面的水,称其质量,精确至 0.1mg;

③ 如果试样中有溶于水的物质,则还需将吸水后的试样在 (50 ± 1)℃烘箱中干燥 24h,移至干燥器中冷却至室温称量,精确至 0.1mg,用以测量溶于水的组分质量。

5. 数据处理

① 试样的吸水量

$$W_a = (m_2 - m_1) \times 1000 \tag{2-1}$$

② 试样单位面积吸水量

$$W_S = \frac{m_2 - m_1}{S} \times 1000 \tag{2-2}$$

③ 试样质量吸水百分率

$$W_P = \frac{m_2 - m_1}{m_1} \times 100 \tag{2-3}$$

式中　　m_1——试样浸水前的质量,g;

　　　　m_2——试样浸水后的质量,g;

　　　　S——试样的表面积,cm^2;

　　　　W_a——试样的吸水量,mg;

W_S——试样单位面积吸水量，mg/cm^2；

W_P——试样质量吸水百分率，%。

如果试样中有溶于水的物质，则溶于水的物质的质量按下式计算：

$$W_{sol} = (m_1 - m_3) \times 1000 \tag{2-4}$$

式中　W_{sol}——试样溶于水的物质的质量，mg；

m_1——试样浸水前的质量，g；

m_3——试样浸水后重新干燥 24h 后的质量，g。

因此，在计算试样吸水量、表面吸水量及质量吸水百分率时，应该用上式计算的结果进行校正。

6. 注意事项

① 试样尺寸不同，吸水量也不同（见表 2-2 和表 2-3 所示），故必须按标准规定的每一类型材料的统一尺寸；

② 试样尺寸不同，试样的质量吸水百分率也不同（见表 2-2 和表 2-3 所示），只有尺寸相同时，才能相互比较；

③ 同一类型材料，单位面积吸水量是相同的，不同类型材料单位面积吸水量可以表明其吸水性的大小；

④ 对于非均质材料，无论是吸水量或吸水百分率或单位面积吸水量，只有试样尺寸相同才可作比较；

⑤ 对于膜状试样，由于其质量较小，要求试样要大些，一般采用（100±1）mm 的正方形试样，浸水时不要使试样重叠或相互接触，也不要使试样漂起来。

表 2-2　试样尺寸对吸水性的影响

塑料类型	试样名称	试样尺寸/mm	试样面积/cm²	试样质量/g	吸水量/mg	试样质量吸水率/%	单位面积吸水量/(mg/cm²)
模塑料	酚醛模塑料	$\phi 50 \times 2$	42.39	5.1089	27.0	0.53	0.64
		$\phi 50 \times 4$	45.53	10.7591	27.6	0.26	0.61
		$\phi 100 \times 2$	163.28	23.2281	92.4	0.40	0.57
		$\phi 100 \times 4$	169.56	44.7051	101.9	0.23	0.61
		$120 \times 15 \times 10$	63.0	25.3649	39.8	0.16	0.63
	氨基模塑料	$\phi 50 \times 2$	42.39	5.4870	148.9	2.71	3.5
		$\phi 50 \times 4$	45.53	11.9707	158.6	1.33	3.5
		$\phi 100 \times 4$	169.56	46.6615	559.0	1.19	3.5
		$120 \times 15 \times 10$	63.0	26.8104	219.3	0.82	3.5
板材	聚氯乙烯	$50 \times 50 \times 45$	59	14.6042	3.5	0.024	0.06
		$50 \times 50 \times 10$	70	38.3874	4.2	0.011	0.06
		$25 \times 25 \times 45$	17	3.7891	0.8	0.021	0.05
		$25 \times 25 \times 10$	22.5	9.3345	1.2	0.013	0.05
棒材	聚甲基丙烯酸甲酯	$\phi 10 \times 50$	17.27	4.6100	8.1	0.18	0.47
		$\phi 20 \times 50$	37.68	18.8408	17.1	0.09	0.45
		$\phi 40 \times 50$	87.92	74.3232	41.4	0.06	0.47
		$\phi 20 \times 25$	31.02	15.2112	14.4	0.10	0.46
		$\phi 40 \times 25$	56.52	36.4529	26.2	0.07	0.46

表 2-3 管材试样尺寸对吸水性的影响

塑料类型	试样名称	试样尺寸/mm				试样面积 /cm²	试样质量 /g	吸水量 /mg	试样质量吸水率/%	单位面积吸水量 /(mg/cm²)
		外径	内径	壁厚	长度					
管材	聚氯乙烯	21.5	15.5	3	50	61.58	12.7413	3.2	0.025	0.05
		26	20	3	50	76.56	15.9106	4.5	0.028	0.06
		34	27.3	3.4	50	102.52	22.9463	5.8	0.025	0.06
		42.6	35.2	3.7	50	131.18	34.0973	7.0	0.021	0.05
		88	77	55	50×50	61.0	21.9710	3.8	0.017	0.06

7. 思考题

高分子材料中的水分是如何产生的？如何尽量减小高分子材料中的水分？

第二节 密 度

高分子材料的密度是表征其物理性质的一个重要参数，它受聚合物的化学结构、形态结构以及高分子材料的组成的影响，尤其是结晶性聚合物，密度与表征内部结构规整程度的结晶度有密切关系。密度的测定可用来计算聚合物的结晶度，配合其他实验技术用以探索聚合物的结构和性能特征；可以初步估计高分子材料的类型和质量，计算高分子材料的质量和体积。在生产上往往利用密度来计算高分子材料的比强度和体积成本以及控制产品质量。

测定密度常见的方法有比重瓶法、浸渍法、浮力法、膨胀计法、密度梯度法以及折射法等。各种方法的测试原理和适应性有所不同，使用的仪器设备、操作难易和精确程度也有差异。

高分子材料粉状、粒状、片状或纤维状物料在自然堆砌时，单位体积的质量称为堆砌密度，又称表观密度。表观密度与树脂或塑料的颗粒形状、粒度分布、空隙率、湿含量等因素有关。一般来讲，粒度组成越均匀、水分和细小颗料愈少，其松散性愈好，即该材料从加料器中均匀流出的能力愈好。在塑料的配制和加工设备的利用上能获得更好的效益。表观密度对塑料包装储存、混合器容积和成型模具型腔的设计等具有实际意义。

在实际使用中，经常用到材料的相对密度和表观密度。

实验二 塑料密度和相对密度的测定

1. 实验目的要求

① 了解浮力法和浸渍法测定高分子材料密度和相对密度的原理；
② 掌握浮力法和浸渍法测定高分子材料密度和相对密度的方法。

2. 实验原理

直读式相对密度仪是根据高分子材料在液体中的浮力（若高分子材料的密度与液体相等时则悬浮在液体当中）和平行力系力矩平衡原理加以设计制造的。其试片相对密度 ρ 与测量机构之转角 α 存在线性关系，即：

$$\rho = \varphi(\alpha) \tag{2-5}$$

浸渍法是根据阿基米德原理用天平称量高分子材料在空气和水中的质量。当试样浸没于水中时，其质量小于在空气中的质量，减小值为试样排开水的质量，试样的体积等于排开水的体积。

3. 实验试样和仪器

（1）试样

① 直读式相对密度仪试样可为任意形状，质量为 3.5～12g 范围；

② 天平法用试样可为任意形状，质量不小于 1g；

试样不应有气泡，表面不应有漆膜、油污或杂质。

（2）仪器

① 浮力法　相对密度仪，主要结构如图 2-1 所示。

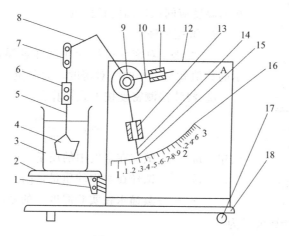

图 2-1　相对密度仪

1—抬起机构；2—托盘；3—烧杯；4—试片；5—针；6—插针座；7—锤钩；8—梁；

9—滚动轴承；10—短臂；11—两个螺丝砝码；12—刻度盘；13—两个滑动砝码；

14—长臂；15—指针；16—刻度线；17—水平调整螺丝；18—底座

② 浸渍法

天平　　感量为 0.001g，最大称重 200g 或以上

金属丝　直径小于 0.10mm

容器　　可用 500mL 的烧杯

4. 实验步骤

① 直读式相对密度仪法

a. 将长臂上的滑动砝码滑到底部，调整短臂上的螺丝砝码，直到指针正确地指在刻度"1"处，并使两个螺丝互锁。

b. 将锤钩、插针座、针一起拿下，用针将试片扎上，再固定在梁上。调整长臂上两个滑动砝码，使指针在刻度盘"A"线上（调整时先将两砝码滑向内侧，再把外侧砝码拉出，指针接近 A 线时可转动两个砝码微调）。

c. 将烧杯内装满蒸馏水，放在托盘上，放下梁使试片浮在水中，再逐渐抬起托盘，直到试片全部浸入水中，试片不能接触烧杯的壁或底部，插针座不能接触水。

d. 试片浮在水当中时，在刻度盘上指针指示的数值即为试样的相对密度。

② 浸渍法

a. 准备好试样，用天平精确称量，并称量金属丝质量。

b. 调节好浸渍液温度。

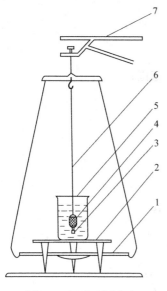

图 2-2　浸渍法测密度

1—天平盒；2—架子；3—坠子；
4—试样；5—烧杯；
6—铜丝或毛发；7—天平梁臂

c. 用金属线捆住试样，放入浸渍液中，金属丝挂在天平上进行称量；如图 2-2 所示。再用直径为 0.2mm 以下的铜丝或毛发制的吊环，一头挂在天平吊钩上，另一头拴试样，浸没在装有蒸馏水的烧杯中称量，精确到 0.001g。

d. 若高分子材料相对密度小于 1 时，则在试样上另用铜丝挂一个坠子，把试样坠入水中进行称量，但应测量坠子及铜丝吊环在蒸馏水中的质量。

e. 试样在蒸馏水中称量时，其表面不应附有气泡，蒸馏水的温度应同试样温度相接近。

5. 数据处理

① 直读相对密度仪指针在试样悬浮在蒸馏水中央时所表示的数值就是试样的相对密度，无单位。

② 浸渍法测密度按下式计算：

$$\rho = \rho_0 \times \frac{m_1}{m_1 - m_2} \tag{2-6}$$

式中　m_1——试样在空气中的质量，g；

　　　m_2——试样在水中的质量，g；

　　　ρ_0——蒸馏水在实验温度下的密度，g/cm^3。

当使用坠子时，计算公式为：

$$\rho = \rho_0 \times \frac{m_1}{m_1 + m_3 - m_4} \tag{2-7}$$

式中　m_3——坠子在水中的质量，g；

　　　m_4——试样和坠子在水中的质量，g。

注：在标准实验温度下，水的密度可以认为是 1.00g/cm^3。如果为了精确计算，则应将实验温度下水的实际密度代入公式计算。每种试样的数量不少于 2 个，取其算术平均值。

6. 思考题

① 同种高分子材料，牌号不同，其密度有无差别？为什么？

② 高分子材料的密度与其力学性能之间有何关系？举例说明。

实验三　粉粒料表观密度的测定

1. 实验目的要求

掌握粉粒状树脂或塑料表观密度的测量原理及操作。

2. 实验原理

利用树脂或塑料的自重，将试样从规定的高度自由落下已知容积的容器中，测量单位体积的树脂或塑料的质量，即得该试样的表观密度（堆砌密度）的大小。

3. 实验原材料和仪器设备

（1）原材料　粉状聚氯乙烯（PVC）。

（2）仪器设备

漏斗　形状尺寸如图 2-3，金属制，内表面光滑。

量筒　形状尺寸如图 2-3，金属制，内表面光滑。

天平　感量 0.1g，最大称量 1000g。

直尺和支架。

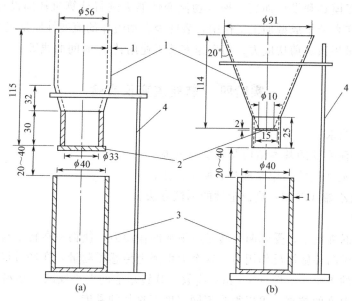

图 2-3　两种表观密度测量装置

1—漏斗；2—挡料板；3—测量量筒；4—支架

4. 实验步骤

① 称量量筒质量 m_0，标定量筒体积 V；

② 按图 2-3 将仪器安装好；

③ 将大约 120mL 试样倒入漏斗中，迅速抽出挡板，让试样自由落入量筒中，用直尺寸沿量筒边缘刮掉量筒中多余的试样，然后称量装有试样的量筒的质量 m_1。

④ 重复三次。

5. 数据处理

表观密度的计算

$$D_a = \frac{m_1 - m_0}{V} \tag{2-8}$$

式中　D_a——表观密度，g/cm^3；

　　　m_0——量筒质量，g；

　　　m_1——装有试样的量筒质量，g；

　　　V——量筒的体积，cm^3。

以三次测量值的算术平均值表示结果。

6. 思考题

影响实验结果的主要因素有哪些？如何正确控制使实验误差最小？

第三节　流 变 性 能

聚合物流体（包括聚合物熔体和聚合物浓溶液）在外力作用下的流动行为具有流动和形

变两个基本特征，而流动和形变的具体情况又和聚合物的结构、聚合物的组成、环境温度、外力大小、类型、作用时间等错综复杂的因素密切相关。对高分子材料成型加工而言，聚合物流变性能成为控制材料配方及加工工艺条件，以获取制品最佳的外观和内在质量的重要手段。对高分子加工模具和设计而言，聚合物流变性能为进行计算机辅助设计（CAD）提供基本数据。因此在高分子成型加工工作中，表征聚合物流体的流变性质是很重要的，表征的数据有黏度、熔融指数、剪切应力、切变速率及工业用转矩-时间曲线等。

实验四　转矩流变仪实验

1. 实验目的要求

① 了解转矩流变仪的基本结构及其适应范围；

② 熟悉转矩流变仪的工作原理及其使用方法；

③ 掌握聚氯乙烯（PVC）热稳定性的测试方法。

2. 实验原理

物料被加到混炼室中，受到两个转子所施加的作用力，使物料在转子与室壁间进行混炼剪切，物料对转子凸棱施加反作用力，这个力由测力传感器测量，在经过机械分级的杠杆和臂转换成转矩值的单位·牛顿（N·m）读数。其转矩值的大小反映了物料黏度的大小。通过热电偶对转子温度的控制，可以得到不同温度下物料的黏度。

转矩数据与材料的黏度直接有关，但它不是绝对数据。绝对黏度只有在稳定的剪切速率下才能测得，在加工状态下材料是非牛顿流体，流动是非常复杂的湍流，有径向的流动也有轴向的流动，因此不可能将扭矩数据与绝对黏度对应起来。但这种相对数据能提供聚合物材料的有关加工性能的重要信息，这种信息是绝对法的流变仪得不到的。因此，实际上相对和绝对法的流变仪是互相协同的。从转矩流变仪可以得到在设定温度和转速（平均剪切速率）下扭矩随时间变化的曲线，这种曲线常称为"扭矩谱"，除此之外，还可同时得到温度曲线、压力曲线等信息。在不同温度和不同转速下进行测定，可以了解加工性能与温度、剪切速度的关系。转矩流变仪在共混物性能研究方面应用最为广泛。转矩流变仪可以用来研究热塑性材料的热稳定性、剪切稳定性、流动和固化行为。

3. 实验原材料和仪器设备

（1）原材料（质量份）

聚氯乙烯（PVC）	100
邻苯二甲酸二辛酯（DOP）	10
三碱式硫酸铅	4.5
硬脂酸钡（BaSt）	1.6
硬脂酸钙（CaSt）	1.0
石蜡	0.45

（2）仪器设备　转矩流变仪，本实验采用密炼机式转矩流变仪，如图 2-4 所示。

① 转矩流变仪的组成

a. 密炼机　内部配备压力传感器、热电偶，测量测试过程中的压力和温度的变化。

b. 驱动及转矩传感器　转矩传感器是关键设备，用它测定测试过程中转矩随时间的变化。转矩的大小反映了材料在加工过程中许多性能的变化。

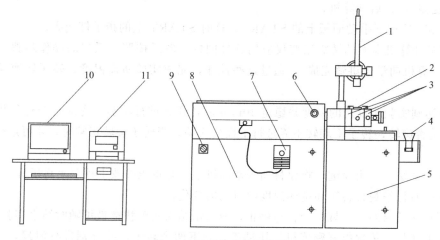

图 2-4　转矩流变仪示意图

1—压杆；2—加料口；3—密炼室；4—漏料；5—密炼机部分；6—紧急制动开关；

7—手动面板；8—驱动及扭矩传感器部分；9—开关；10—计算机；11—打印机

c. 计算机控制装置　用计算机设定测试的条件如温度、转速和时间等，并可记录各种参数（如温度、转矩和压力等）随时间的变化。

② 性能指标　密炼机转速最大值 200r/min；转矩最大值 160N·m；熔体温度测量范围为室温至 450℃，温度控制精度为 ±1℃。

③ 扭矩流变仪转子　转矩流变仪转子如图 2-5 所示，转子有不同的形状，以适应不同的材料加工。本密炼机配备的转子为 Roller 型。在密炼室内不同部位的剪切速率是不同的，两个转子有一定的速比，一般为 3∶2（左转子∶右转子），两转子相向而行，左转子为顺时针，右转子为逆时针。

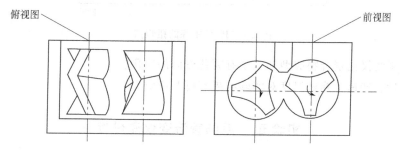

俯视图　　前视图

图 2-5　密炼室转子示意图

4. 实验步骤

① 称量：按照上面所列配方准确称量，加入试样的质量（M）应按照下式计算：

$$M=(V-V_r)\times\rho\times 0.69 \qquad (2-9)$$

且：

$$V-V_r=70$$

式中　V——密炼室的容积，mL；

　　　V_r——转子的体积，mL；

　　　ρ——物料密度，g/mL。

为便于对试样的测试结果进行比较，每次应称取相同质量的试样。

② 合上总电源开关，打开扭矩流变仪上的开关（这时手动面板上 STOP 和 PROGRAM

的指示灯变亮），开启计算机；

③ 15min后按下手动面板上的START，这时START上的指示灯变亮；

④ 双击计算机桌面的转矩流变仪应用软件图标，然后按照一系列的操作步骤（由实验教师对照计算机向学生讲解完成），通过这些操作，完成实验所需温度、转子转速及时间的设定；

⑤ 当达到实验所设定的温度并稳定10min后，开始进行实验。先对转矩进行校正，并观察转子是否旋转，转子不旋转不能进行下面的实验，当转子旋转正常时，才可进行下一步实验；

⑥ 点击开始实验快捷键，将原料加入密炼机中，并将压杆放下用双手将压杆锁紧；

⑦ 实验时仔细观察转矩和熔体温度随时间的变化；

⑧ 到达实验时间，密炼机会自动停止，或点击结束实验快捷键可随时结束实验；

⑨ 提升压杆，依次打开密炼机二块动板，卸下两个转子，并分别进行清理，准备下一次实验用；

⑩ 待仪器清理干净后，将已卸下的动板和转子安装好。

5. 思考题

① 图2-6为PVC的典型转矩-时间流变曲线。曲线上有三个峰，分别指出三个峰代表的意义。

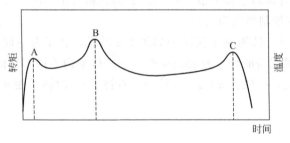

图 2-6　PVC密炼的扭矩谱

② 转矩流变仪在聚合物成型加工中有哪些方面的应用？

③ 加料量、转速及测试温度对实验结果有哪些影响？

实验五　毛细管流变仪测黏度

在测定和研究高聚物熔体流变性的各种仪器中，毛细管流变仪是一种常用的较为合适的实验仪器，它具有多种功能和宽广范围的剪切速度范围。毛细管流变仪既可以测定高聚物熔体在毛细管中的剪切应力和剪切速率的关系，又可以根据挤出物的直径和外观或在恒定应力下通过毛细管的长径比来研究熔体的弹性和不稳定流动现象。根据毛细管流变仪施力方式不同可将毛细管流变仪分为挤出式和扭矩式毛细管流变仪两种。

（一）挤出式

1. 实验目的要求

① 了解高分子材料熔体流动特性以及随温度、应力变化的规律；

② 掌握由高分子材料流变特性拟定成型加工工艺的方法；

③ 熟悉挤出式毛细管流变仪测定高分子材料流变性能的原理和操作。

2. 实验原理

图 2-7 是毛细管流变仪的原理图。

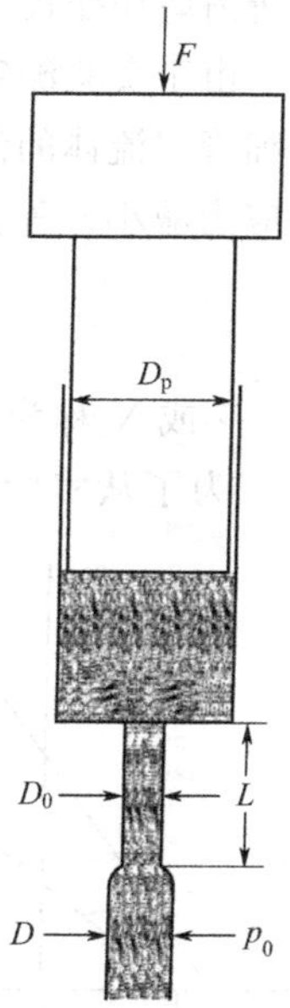

设在一个无限长的圆形毛细管中，塑料熔体在管中的流动为一种不可压缩的黏性流体的稳定层流流动；仪器由一活塞加压，形成毛细管两端的压力差 $\Delta p = p - p_0$，将流体从直径为 D_0，长为 L 的毛细管内挤出，挤出物直径为 D。由于流动具黏性，它必然受到自管体与流动方向相反的作用力，通过黏滞阻力应与动力相平衡等流体力学过程原理的推导，可得到管壁处的剪切应力（τ_w）与压力差的关系。

$$\tau_w = \frac{\Delta p R}{2L} \tag{2-10}$$

式中　R——毛细管的半径，cm；

　　　L——毛细管的长度，cm；

　　　Δp——毛细管两端的压力差，可以通过表 2-5 换算得出，Pa。

熔体体积流量 Q 与柱塞下降速度 V 的关系为：

$$Q = SV \tag{2-11}$$

式中　Q——熔体流量，cm³/s；

　　　S——柱塞的面积，本仪器为 1cm²；

　　　V——柱塞下降速率，mm/min。

由于管壁摩擦阻力的作用，流体在管内的流动速度随半径增大而减小，呈现不同的等速层，管壁处速度为零。毛细管壁上牛顿切变速率或表观切变速率 $\dot{\gamma}_w$：

$$\dot{\gamma}_w = \frac{4Q}{\pi R^3} \tag{2-12}$$

式中　$\dot{\gamma}_w$——表观剪切速率，s⁻¹；

　　　Q——熔体流量，cm³/s；

　　　R——毛细管半径，cm。

测定不同 Δp 时的流量 Q，就可得到不同剪切应力 τ_w 时的剪切速率 $\dot{\gamma}_w$。把 $\lg\tau_w$-$\lg\dot{\gamma}_w$ 作图，根据式（2-13）求流变指数 n。

$$n = \frac{d(\lg\tau_w)}{d(\lg\dot{\gamma}_w)} \tag{2-13}$$

n 也可直接由 $\lg\Delta p$ 对 $\lg Q$ 作图求得，对符合幂律定律的非牛顿流体，n 是常数，即所得曲线为一直线。

对 $\dot{\gamma}_w$ 作非牛顿修正，管壁上非牛顿切变速率：

$$\dot{\gamma}'_w = \frac{4Q}{\pi R^3}\left(\frac{3n+1}{4n}\right) = \left(\frac{3n+1}{4n}\right)\dot{\gamma}_w \tag{2-14}$$

表观黏度的定义为：

$$\eta_a = \frac{\tau_w}{\dot{\gamma}_w} \tag{2-15}$$

η_a 将随剪切速率（或剪切应力）变化而变化。

聚合物流体通常属于假塑性流体，其表观黏度随剪切速率（或剪切应力）的增加而减小

图 2-7　毛细管流
变仪示意图

D_0—毛细管直径；

D_p—柱塞直径

21

即所谓剪切变稀现象。

由于实验测定中，毛细管不是无限长，对式（2-10）应进行修正。考虑流体从料筒进入毛细管，流体的流速和流线发生变化，引起黏性摩擦损耗和弹性变形，使毛细管壁的实际剪切应力减小，等价于毛细管长度增加。式（2-10）可改正为：

$$\tau' = \frac{\Delta p R}{2(L+eR)} \left[\text{或者} = \frac{\Delta p D}{4(L+ND)} \right] \tag{2-16}$$

e 或 N 称为入口修正因子，或称为 Bagley 改正因子。

为了从实验来确定 e 或 N，保持一定流速 Q，即在一定的切变速率下，测定不同长径比的压力降 Δp，以 Δp 对 L/R（或 L/D）作图得一直线，它在横坐标 L/R（或 L/D）轴上的截距即为 $-e$（或 $-N$），见图 2-8。

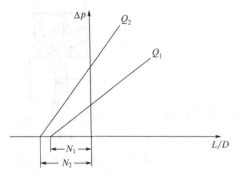

图 2-8 毛细管两端压力
降与长径比的关系
（$Q_1 < Q_2$；$\dot{\gamma}_1 < \dot{\gamma}_2$）

实验证明，对于弹性流体来说，在弹性较大、温度较低时、L/D 较小的情况下，入口效应不可忽略。如使用较大长径比（$L/D \geqslant 40$）的毛细管时，则入口的压力降与在毛细管中流动的压力降相比可以忽略不计，这时可以不进行入口校正，否则要逐点校正，此工作量极大，故根据弹性的大小采用较大的 L/D 为宜。

经过上述测定和处理后，就可绘出整条流动曲线 $\lg\tau_w - \lg\dot{\gamma}_w'$、$\eta_a - \dot{\gamma}_w'$ 和 $\eta_a - \tau_w$。从不同温度下的 $\eta_a - \tau_w$ 还可求出上述恒切应力下的黏流活化能 E_τ。将 $\ln\eta_a$ 对 $1/T$ 作图，则直线的斜率为 E_τ。

3. 实验原材料和仪器设备

（1）原材料　聚丙烯（PP），颗粒状或粉末状等。

（2）仪器设备

① 毛细管流变仪，XLY-Ⅱ型，吉林大学科教仪器厂。其主体结构如图 2-9 所示。
主要技术指标：

柱塞直径（D_p）/mm　　　　　　$11.28_{-0.012}^{-0.005}$

压力范围/(kgf/cm²)　　　　　　10～500

毛细管规格/mm×mm　　　　　　直径×长度：$\phi 1\times 5$，$\phi 1\times 10$，$\phi 1\times 20$，$\phi 1\times 40$

温度控制范围/℃　　　　　　　　室温～400

② 砝码　砝码数量及砝码所对应的质量如表 2-4 所示。

表 2-4　砝码数量和相应质量

标志	质量/kg	数量	标志	质量/kg	数量
A	0.5	4	C	4	1
B	1	4	D	5	3

4. 实验步骤

① 选定试验温度，输入温度定值，采用快速升温，打开控温仪和记录仪电源开关，打开记录仪 1、2 笔开关，选定适当的走纸速度，加挂所需砝码；

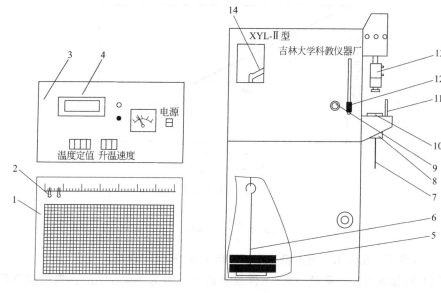

图 2-9 挤出式毛细管流变仪示意图

1—记录仪；2—记录笔；3—程序升温控制仪；4—实际温度显示屏；5—砝码；
6—挂架；7—高聚物熔体；8—毛细管；9—杠杆加力锁紧装置；10—料筒；
11—热电偶；12—杠杆操作杆；13—压头；14—杠杆装置

② 温度平衡 15min 后，抬起杠杆使压头处于上限位置，拉出炉体，检查毛细管和料筒清洁与否，并针对不同毛细管选择不同毛细管垫圈将毛细管装入并旋紧以防漏料，根据试样形状、流动性能确定装料量，粒料少加，料粉多加，流动性好多加，流动性差少加，一般装料量为 1.5～2g，将装好的试样用漏斗装入料筒内，插入柱塞，先用手压实，将炉体移进压头下方，并与压头对正，放下杠杆使压头压在柱塞上，将试样压实并反复几次，再抬起压头后调节调整螺母，使压头与柱塞压紧；

③ 加料后 5min，放下杠杆，仪器进入测试状态，至压杆到底则测试状态结束；

④ 关闭记录仪记录开关，记录下各项工作参数、物料名称等，抬起压头，将炉体移出，取出柱塞，卸下毛细管并对料筒内壁和毛细管外表面进行清理，准备下次实验用。

5. 实验数据处理及实验结果

（1）计算熔体流量（Q）聚合物熔体从毛细管挤出后得到流动曲线图如图 2-10 所示，柱塞下降速率 V：

$$V = \frac{\Delta n}{\Delta t} \tag{2-17}$$

式中 Δn——曲线任一段的直线部分横坐标，cm；

Δt——曲线任一段的直线部分纵坐标，s。

对流动曲线，截取尽量长的一段直线段的位移曲线，在其端点做出标记，截取其走纸方向长度 ΔIt（单位：mm）计算时间 Δt。截取其读数方向长度 ΔIn（单位：mm）计算位移 Δn。

则

$$\Delta n = \frac{\Delta In}{250mm} \times 2cm \tag{2-18}$$

式中，250mm 为记录纸满量程长度，2cm 为柱塞位移满量程长度。

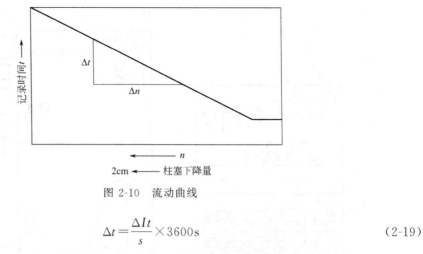

图 2-10　流动曲线

$$\Delta t = \frac{\Delta It}{s} \times 3600\mathrm{s} \tag{2-19}$$

其中，s（单位：mm/h）为走纸速度，3600s 为 1h 时间秒数。

（2）柱塞所加压力或负荷值（F）　该仪器最小压力为 $10\mathrm{kgf/cm^2}$。当将挂负荷的滑轮架摘下时，即为 $10\mathrm{kgf/cm^2}$。当将滑轮架挂上后，压力为 $20\mathrm{kgf/cm^2}$，以后每增加 0.5kg 重的砝码，系统可增加 $10\mathrm{kgf/cm^2}$，增加 1kg 重砝码，系统增加压力为 $20\mathrm{kgf/cm^2}$。其加法如表 2-5 所示。

表 2-5　负荷值与所加砝码的换算关系

压力值/($\mathrm{kgf/cm^2}$)	砝码	压力值/($\mathrm{kgf/cm^2}$)	砝码
10	无挂架砝码	40	+1B
20	挂架不加砝码	100	+1C
30	+1A	120	+1D

（3）记录下列实验数据并作图

	1	2	3	4	5	6
Δp/MPa						
Δn						
Δt						
V						

	1	2	3	4	5	6
$\lg\Delta p$						
$\lg Q$						
$\dot{\gamma}_\mathrm{w}$						
τ_w						
$\dot{\gamma}_\mathrm{w}'$						
η_a						

作 $\lg\tau_w$-$\lg\dot{\gamma}_w$ 或 $\lg\Delta p$-$\lg Q$ 图，求算非牛顿指数 n，最后在一张图里作 τ_w-$\dot{\gamma}'_w$ 和 η_a-$\dot{\gamma}_w$ 关系曲线。

6. 思考题

为什么要进行"非牛顿改正"和"入口改正"？如何改正？

（二）扭矩式

1. 实验目的要求

① 了解高分子材料熔体流动变形特性以及随温度、应力变化的规律；

② 掌握由高分子材料流变特性拟定成型加工工艺的方法；

③ 熟悉挤出式毛细管流变仪测定高分子材料流变性能的原理和操作。

2. 实验原理

设在一个无限长的圆形毛细管中，塑料熔体在管中的流动为一种不可压缩的黏性流体的稳定层流流动；毛细管两端的压力差 Δp，由于液体流体具有黏性，它必然受到自管体与流动方向相反的作用力，通过黏滞阻力应与动力相平衡等流体力学过程原理的推导，可得到管壁处的剪切应力（τ_w）与压力差的关系。

$$\tau_w = \frac{\Delta p R}{2L} \tag{2-20}$$

式中　R——毛细管的半径，cm；

　　　L——毛细管的长度，cm；

　　　Δp——毛细管两端的压力差，Pa。

$$\dot{\gamma}_w = \frac{4Q}{\pi R^3} \tag{2-21}$$

式中　Q——熔体体积流量，cm³/s。

由此，在温度和毛细管长径比（L/D）一定的条件下，测定不同压力下塑料熔体通过毛细管的体积流量（Q），由体积流量和毛细管两端的压力差 Δp，可计算出相应的 $\dot{\gamma}_w$ 和 τ_w 值，一组对应的 τ_w 和 $\dot{\gamma}_w$ 在双对数坐标上的流动曲线图，即可得非牛顿指数（n）和熔体的表观黏度（η_a）；改变长径比，则可进行"入口改正"。这些计算和改正都可通过计算机自动处理完成。如若毛细管的 $L/D \geqslant 40$，或该测试数据仅用于实验对比时，也可不作"入口改正"要求。

3. 实验原材料和仪器设备

（1）原材料　低密度聚乙烯（LDPE），粒料或粉料等。

（2）仪器　HAAKE 扭矩式毛细管流变仪，如图 2-11 所示。

主要技术指标：

毛细管尺寸，直径×长度/mm×mm　　　$\phi 1.2 \times 12$，$\phi 1.2 \times 24$，$\phi 1.2 \times 36$，$\phi 1.2 \times 48$

天平（感量 0.1g）　　　　　　　　　1 台

铜铲　　　　　　　　　　　　　　　1 把

4. 实验步骤

① 准备工作

a. 阅读 HAAKE 扭矩流变仪使用说明书，了解其作用原理、技术规格和使用等有关规定；

b. 把单螺杆挤出机安装在 HAAKE 微机控制转矩流仪上，再把毛细管口模紧密安装在挤出机上；

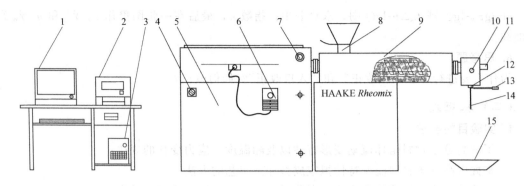

图 2-11　HAAKE 扭矩式毛细管流变仪示意图

1—计算机；2—打印机；3—音响；4—开关；5—驱动及扭矩传感器部分；

6—手动面板；7—紧急制动开关；8—料筒；9—单螺杆挤出机；10—压力传感器；

11—热电偶；12—毛细管；13—铲刀；14—熔体；15—接料盘

c. 把压力传感器、测试熔体温度的热电偶安装在毛细管口模上，并连接好所有插头。

② 实验操作

a. 合上总电源开关，打开 HAAKE 转矩流变仪上的开关，这时手动面板上（STOP 和 PROGRAM）的指示灯变亮；

b. 开启计算机；

c. 10min 后按下手动面板上的 START，这时 START 上的指示灯变亮；

d. 双击计算机桌面的扭矩式挤出流变仪应用软件图标，然后按照一系列的操作步骤（由实验教师对照计算机向学生讲解完成），通过这些操作，完成实验温度、螺杆转速变化的设定；

e. 当达到实验所设定的温度并稳定 10min 后，点击开始快捷键，开始进行实验；

f. 准备好铜铲，并将铜铲紧挨着毛细管，注意音响发出的声音，第一次发出声音，立即用铜铲将毛细管中的挤出物铲掉不称重，第二次发出声音时，立即用铜铲将挤出物铲下放在电子天平中称量，并将所称重量输入到计算机弹出的框里，计算机将自动计算熔体流量。以后重复上面的操作，如发出的声音是奇数，挤出物铲掉不称重，发出的声音是偶数，挤出物铲下放在电子天平中称量（注意：后一次称量应包括前面所有次称量的重量），计算机自动计算熔体流量的变化。通过计算机自动处理计算，将会得到 $\lg\tau_w$-$\lg\dot{\gamma}_w$ 和 $\lg\eta_a$-$\lg\dot{\gamma}_w$ 流变曲线；

g. 由于实验测定中，毛细管不是无限长，对式（2-20）应进行修正。考虑流体从料筒进入毛细管，流体的流速和流线发生变化，引起黏性摩擦损耗和弹性变形，使毛细管壁的实际剪切应力减小。需进行"入口修正"或称为"Bagley 修正"。实验操作大致与前面相同，只需要变换长径比不同的毛细管即可。然后通过计算机操作自动进行修正；

h. 清理挤出机、毛细管口模，为再次实验做准备。

5. 思考题

如何使用高分子材料的流变曲线指导拟定成型加工条件？

实验六　熔体流动速率的测定

1. 实验目的要求

① 了解塑料熔体流动指数与分子量大小及其分布的关系；

② 掌握测定塑料熔体流动速率的原理及操作。

2. 实验原理

塑料熔体流动速率（MFR）是指在一定温度和负荷下，塑料熔体每 10min 通过标准口模的质量。

在塑料成型加工过程中，熔体流动速率是用来衡量塑料熔体流动性的一个重要指标，其测试仪器通常称为塑料熔体流动速率测试仪（或熔体指数仪）。一定结构的塑料熔体，若所测得 MFR 愈大，表示该塑料熔体的平均分子量愈低，成型时流动性愈好。但此种仪器测得的流动性能指标是在低剪切速率下获得的，不存在广泛的应力-应变速率关系，因而不能用来研究塑料熔体黏度与温度（应力），黏度与剪切速率的依赖关系，仅能比较相同结构聚合物分子量或熔体黏度的相对数值。

3. 实验原材料和仪器设备

（1）原材料　聚丙烯（PP），颗粒状，粉料，小块、薄片或其他形状。

（2）仪器设备

① XRZ-400 熔体流动速率仪　该仪器由试料挤出系统和加热控温系统两部分组成。挤出系统包括料筒、压料杆、出料口和砝码等部件。加热温控系统包括加热炉体、温控电路和温度显示等部分。其主要结构（挤出系统）示意图如图 2-12 所示。

主要技术特性：

a. 负荷由砝码、托盘（0.231kg）、活塞（0.094kg）之和组成，分为 0.325kg、1.200kg、2.160kg、5.000kg 几个档次；

b. 标准口模直径 ϕ（2.095±0.005）mm 和 ϕ（1.180±0.010）mm；

c. 料筒长度 160mm，料筒直径 ϕ（9.55±0.025）mm；

d. 温度范围：室温～400℃连续可调，出料口上端 12.7～50mm 间温差≤1℃。

② 天平 1 台（感量 0.001g）。

③ 装料漏斗，切割和放置切取样条的锋利刮刀，玻璃镜，液体石蜡，绸布和棉纱，镊子，清洗杆和铜丝等清洗用具。

4. 实验步骤

① 原料干燥：吸湿性塑料测试前应按产品标准规定进行干燥处理。

② 实验准备：熟悉熔体流动速率仪主体结构和操作规程，根据塑料类型选择测试条件，安装好口模，在料筒内插入活塞。接通电源开始升温，调节加热控制系统使温度达到要求，恒温至少 15min。

③ 预计试料的 MFR 范围，按表 2-6 称取试料。

④ 取出活塞将试料加入料筒，随即把活塞再插入料筒并压紧试料，预热 4min 使炉温回复至要求温度。

⑤ 在活塞顶托盘上加上砝码，随即用手轻轻下压，促使活塞在 1min 内降至下环形标记距料筒口 5～10mm 处。待活塞（不用手）继续降至下环形标记与料筒口相平行时，切除已

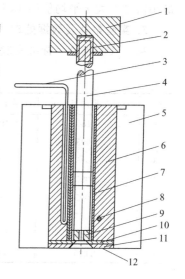

图 2-12　熔体流动
速率仪示意图

1—砝码；2—砝码托盘；

3—温度计；4—活塞；

5—隔热套；6—炉体；

7—料筒；8—控温元件；

9—标准口模；10—隔热层；

11—隔热垫；12—托盘

表 2-6　试样加入量与切样时间间隔

流动速率/(g/10min)	试样加入量/g	切样时间间隔/s	流动速率/(g/10min)	试样加入量/g	切样时间间隔/s
0.1~0.5	3~4	120~240	>3.5~10	6~8	10~30
>0.5~1.0	3~4	60~120	>10~25	6~8	5~10
>1.0~3.5	4~5	30~60			

流出的样条，并按表 2-6 规定的切样时间间隔开始切样，保留连续切取的无气泡样条三个。当活塞下降至上环形标记和料筒口相平时，停止切样。

⑥ 停止切样后，趁热将余料全部压出，立即取出活塞和口模，除去表面的余料并用合适的黄铜丝顶出口模内的残料。然后取出料筒用绸布蘸少许溶剂伸入筒中边推边转地清洗几次，直至料筒内表面清洁光亮为止。

⑦ 所取样条冷却后，置于天平上分别称其质量（准确至 0.001g）。若其质量的最大值和最小值之差大于平均值的 10%，则实验重做。

5. 实验条件及数据处理

（1）实验条件　标准实验条件参见表 2-7，塑料实验条件参见表 2-8。

表 2-7　标准实验条件

序号	标准口模内径/mm	实验温度/℃	负荷/kg	序号	标准口模内径/mm	实验温度/℃	负荷/kg
1	1.180	190	2.160	9	2.095	220	10.000
2	2.095	190	0.325	10	2.095	230	0.325
3	2.095	190	2.160	11	2.095	230	1.200
4	2.095	190	5.000	12	2.095	230	2.160
5	2.095	190	10.000	13	2.095	230	3.800
6	2.095	190	21.600	14	2.095	230	5.000
7	2.095	200	5.000	15	2.095	275	0.325
8	2.095	200	10.000	16	2.095	300	1.200

表 2-8　塑料实验条件

塑料种类	实验序号	塑料种类	实验序号	塑料种类	实验序号
聚乙烯	1、2、3、4、6	ABS	7、9	聚甲醛	3
聚苯乙烯	5、7、11、13	聚苯醚	12、14	丙烯酸酯	8、11、13
聚酰胺	10、15	聚碳酸酯	16	纤维素酯	2、3

（2）试料的熔体流动速率　按式（2-22）计算：

$$MFR = \frac{600W}{t} \tag{2-22}$$

式中　MFR——熔体流动速率，g/10min；

　　　　W——切取样条质量的算术平均值，g；

　　　　t——切取时间间隔，min。

6. 思考题

① 为什么要分段取样？

② 哪些因素影响实验结果？举例说明。

第四节　橡胶硫化特性

　　橡胶在硫化过程中，其各种性能随硫化时间增加而变化，将与橡胶交联程度成正比的某一些性能的变化与对应的硫化时间作曲线图，可得到硫化历程图。橡胶的硫化历程可分为四个阶段：焦烧阶段、预硫阶段、正硫化阶段和过硫阶段。正硫化通常是指橡胶制品的各种物理力学性能达到最佳值的硫化状态。欠硫或过硫，橡胶的物理力学性能都显得较差。测定正硫化程度的方法有化学法、物理法和仪器法等三类。前两种方法，虽然能在一定程度上测定胶料的硫化程度，但存在不少缺点，一是麻烦；二是不经济；三是精度低，重现性差。用仪器法测定橡胶的硫化特性，测定快速、准确、方便、试样用量少，能连续测定硫化全过程，因此在国内外得到广泛使用。目前用于测定橡胶硫化特性并确定正硫化点的方法主要有门尼黏度计和各类硫化仪，其中转子旋转振荡式硫化仪用得最为广泛。

实验七　门尼黏度实验

1. 实验目的要求

① 理解门尼黏度的物理意义；

② 了解测定门尼黏度的仪器结构和工作原理；

③ 熟悉门尼黏度测定仪的操作。

2. 实验原理

门尼黏度计原理如图 2-13 所示。

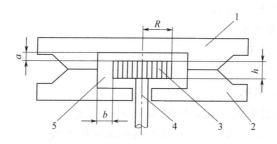

图 2-13　门尼黏度计原理

1—上模座；2—下模座；3—转子；4—转子轴；5—装试样的膜腔；R—转子半径；h—转子厚度；
a—转子上下表面至上下模壁的垂直距离；b—转子圆周至模腔圆周的距离

　　门尼黏度实验是用转动的方法来测定生胶、未硫化胶流动性的一种方法。当转子在充满胶料的模腔中转动时，转子对胶料产生力偶的作用，推动贴近转子的胶料层流动，模腔内其他胶料将会产生阻止其流动的摩擦力，其方向与胶料层流动方向相反，此摩擦力即是阻止胶料流动的剪切力，单位面积上的剪切力即剪切应力，经研究可知，与切变速率、黏度存在下述的关系，目前应用较广泛，适合非牛顿流动的定律是幂律定律公式：

$$\tau = K\dot{\gamma}^n \tag{2-23}$$

式中　τ——剪切应力，MPa；

　　　$\dot{\gamma}$——剪切速率，s^{-1}；

　　　K——稠度，MPa·s；

n——流动指数。

幂律定律也可改写成下面的形式：

$$\tau = K\dot\gamma^n = K\dot\gamma^{n-1}\dot\gamma \tag{2-24}$$

$$\tau/\dot\gamma = K\dot\gamma^{n-1} \tag{2-25}$$

设

$$\eta_{表} = \tau/\dot\gamma = K\dot\gamma^{n-1} \tag{2-26}$$

把式(2-26)代入式(2-23)得：　　$\tau = \eta_{表}\dot\gamma$ (2-27)

在模腔内阻碍转子传动的各点表观黏度（$\eta_{表}$）以及切变速率（$\dot\gamma$）值是随着转动半径不同而不同，所以需采用统计平均值的方法来描述 $\eta_{表}$、τ、$\dot\gamma$。由于转子的转速是定值，转子和模腔尺寸也是定值，故 $\dot\gamma$ 的平均值对相同规格的门尼黏度计来说，就是一个常数，从式(2-27)可知，平均的表观黏度（$\eta_{表}$）与平均的剪切应力（τ）成正比。

在平均的剪切应力（τ）作用下，将会产生阻碍转子转动的转矩，其关系式如下：

$$M = \tau sL \tag{2-28}$$

式中　M——转矩；

　　　τ——平均剪切应力，MPa；

　　　s——转子表面积，mm^2；

　　　L——平均的力臂长，mm。

转矩 M 通过涡轮、涡杆推动弹簧板，使它变形并与弹簧板产生的弯矩和刚度相平衡，从材料力学可知，存在式(2-29)关系：

$$M = Fe = W\sigma = WE\varepsilon \tag{2-29}$$

式中　F——弹簧板变形产生的反力，N；

　　　e——弹簧板力臂长，mm；

　　　W——抗变形断面系数；

　　　σ——弯曲应力，MPa；

　　　ε——弯曲变形量；

　　　E——弹性模量，MPa。

由公式可知，W 和 E 都是常数，所以 M 与 ε 成正比。

综上所述，由于 $\eta_{表} \propto \tau \propto M \propto \varepsilon$，所以可用差动变压器或百分表测量弹簧板变形量，来反映胶料黏度大小。

3. 实验试样和仪器设备

(1) 试样　胶料片两片，直径 45mm，厚度 8mm，其中一块中间打 10mm 的圆孔。

(2) 仪器设备　门尼黏度计。门尼黏度计结构如图 2-14 所示。电机 1 带动小齿轮 2，小齿轮又带动大齿轮 12 转动，大齿轮又使涡杆 7 转动，涡杆又带动涡轮 3，涡轮又带动转子 4，使转子在充满橡胶试样的密闭室 11 内旋转，密闭室由上下模 9、10 组成，在上下模内装有电热丝，其温度可以自动控制。由于转子的转动对橡胶试样产生剪切力矩，在此同时，转子也受到橡胶的反抗剪切力矩，此力矩由转子传到涡轮 3 再传到涡杆 7，在涡杆上产生轴向推力，方向与涡轮转动方向相反，这个推力由涡杆一端的弹簧板 5 相平衡，橡胶对转子的反抗剪切力矩，由装在涡杆一端的百分表 8 以弹簧板位移的形式表示出来。如果仪器上有自动记录装置，弹簧板 5 受涡杆 7 轴向推力产生位移时，差动变压器 6 中的铁芯也产生位移，此位移使电桥失去平衡，就有交流信号输出，信号经放大由记录仪 13 记录。

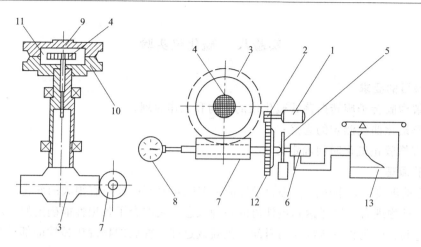

图 2-14　转子黏度计结构

1—电动机；2—小齿轮；3—涡轮；4—转子；5—弹簧板；6—差动变压器；7—涡杆；

8—百分表；9—上模；10—下模；11—密闭室；12—大齿轮；13—记录仪

4. 实验步骤

① 将模腔和转子升温到 100℃。将 ND-2A 型黏度计接通电源开关，指示灯亮，首先调节温度控制仪表给定温度指针于 100℃ 左右，并把加热开关拨至升温处，开始升温，待上下模处玻璃温度计指示 97℃ 左右时，将加热开关拨至保温处，温度升至 100℃ 时应能自动恒温，如有出入可调节给定温度指针；

② 启动电机，使转子在无负荷下转动，打开记录仪把测量开关拨至通处，此时记录仪指针应指在零位，达到要求后停机；

③ 温度稳定后，旋转手动换气阀，把模腔开启，把带有圆孔的一块试样套于直径为 38mm 的转子下面，另一块放在转子上面，试样与密闭室之间衬以玻璃纸，当转子插入模孔与键槽后再闭模；

④ 把试样在模腔内预热 1min，在此同时打开记录仪，把测量开关与记录开关拨至通处，并调节合适的走纸速度，电机正反转开关拨至正转处；

⑤ 等 1min 后（较硬的胶料预热 3min），把电机开关拨至通位；开始测试，记录仪指针开始移动并加记录，待 4min 后，停电机和记录测量开关，启模拿出试样；

⑥ 清理模腔和转子准备进行下一个实验。

5. 实验数据处理

记录仪所记录的是门尼黏度与时间的关系，如图 2-15 所示。

刚开电机时，黏度值较高，如曲线上 A 点，因试验温度不均匀，未全部热透，显示其胶料较硬的缘故。再则如果有炭黑粒子在静止时互相结合成网状结构，能阻止胶料流动，但不坚固，受力即很快破坏，这就是所谓触变效应，这也是造成初始时黏度高的原因之一，曲线随之下降，是试样温度升高和网状结构解脱所致，经过 4min 曲线下降到 B 点，即为所求的黏度值，如果继续试验下去，试样为生料，如图中 BE 所示，如试样为未硫化胶，曲线会上升，如 BC 所示，因胶料产生交联使黏度上升。

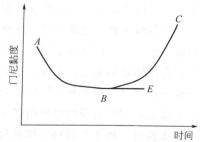

图 2-15　门尼黏度-时间曲线

31

实验八　硫化仪实验

1. 实验目的要求

① 了解橡胶转子旋转振荡式硫化仪的结构和工作原理；

② 了解硫化曲线测定的意义；

③ 掌握橡胶正硫化时间确定方法。

2. 实验原理

在一定的温度下，混炼胶物理力学性能随着硫化时间的长短有很大的变化。正硫化是指橡胶制品各种物理力学性能达到最佳值的一种状态，是综合了各项性能确定的。理论正硫化时间则是达到正硫化状态所需要的时间。欠硫或过硫，橡胶的物理机械性能都显得差。在橡胶制品的实际应用中，由于各项性能往往侧重于某一二方面，因此，可以通过测定混炼胶的硫化曲线，以侧重某些性能来确定最佳的正硫化时间。

硫化特性试验测定记录的是转矩值，以转矩大小划出曲线来反映胶料的硫化程度。由于橡胶的硫化过程实质是线型大分子的交联过程，因此用交联点密度的大小可以检测橡胶的硫化程度。根据弹性统计理论：

$$G = VRT \tag{2-30}$$

式中　G——剪切模量；

V——交联密度；

R——气体常数；

T——热力学温度。

式中的 R、T 是常数，故 G 与 V 成正比，只需要测出 G 就能反映交联程度。

G 与转矩 M 是存在一定的线性关系的。从胶料在硫化仪的模具中受力的分析可知，转子作 $\pm 3°$ 角度摆动时，对胶料施加一定的作用力使之产生形变。与此同时，胶料将产生剪切力、拉伸力、扭力等，这些合力对转子将产生转矩 M，阻碍转子的运动。随着胶料逐渐硫化，其 G 也逐渐增加，转子摆动在固定应变的情况下，所需转矩 M 也就成正比例增加。综上所述，通过硫化仪测得胶料随时间的应力变化，即可表示剪切模量的变化，从而表示了胶料硫化过程的特征。

3. 实验试样和仪器设备

（1）试样　未硫化的胶料片（天然橡胶）两片，直径 38mm，厚度 5mm，其中一块中间打 10mm 的圆孔。

（2）仪器设备　国产 P3555B2 型硫化仪是转子水平左右摆动式的仪器，由主机传动部分、应力传感记录部分和温度控制部分组成，如图 2-16 所示。

仪器运转时，电动机带动双级涡轮减速器 12，减速器的主轴上安有偏心机构 11，此偏心机构通过转矩传感器 10 使主轴 9 产生 $\pm 3°$ 的水平摆动，摆动频率为 8 次/min。上下平板都装有电热丝和模腔，下模腔 7 的中心有一圆孔，转子 6 插入孔内与主轴连接，主轴摆动转子也一起摆动。上平板 4 固定在活塞杆 2 上，用压缩空气推动活塞和活塞杆，使上平板 4 做上下移动，实验时应使模腔内保持一定压力。

实验时，转子在胶料中作正负 1°～3°的摆动，在温度和压力作用下，胶料逐渐硫化，其模量逐渐增加，转子摆动所需要的转矩也成比例增加，这个增加的转矩值由传感器 10 感受

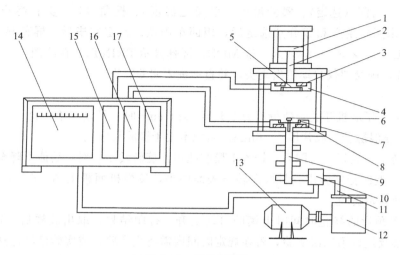

图 2-16　硫化仪结构

1—风筒；2—活塞杆；3—加热器；4—上平板；5—上模板；6—转子；7—下模腔；
8—下平板；9—主轴；10—传感器；11—偏心机构；12—减速器；13—电动机；
14—转矩记录仪；15，16—模腔温度控制仪表；17—操作箱

后，变成电信号再送到转矩记录仪 14 上放大并记录。

4. 实验步骤

① 仪器面板由 2 台 SR74 温度调节器的面板和一台微机控制器的面板组成（见图 2-17），左侧温度调节器内上模控温，右侧为下模控温。微机控制器面板有 12 个按钮，作为参数设定和操作用。

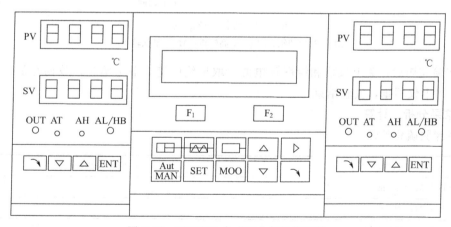

图 2-17　P3555B2 盘式硫化仪操作面板

② 设定温度：打开仪器后面的电源开关，仪表指示灯亮。在温控仪上方显示温度后（一般为室温，绿色数字）按下 △ 键，红色温度显示灯由低向高变化；按 ▽ 键则相反。当调整到所需的温度后，按 ENT 键确认。上、下模控温同样设定后，在微机面板上按加热键加热，约 10min 后，模腔温度能升至设定温度。

③ 设定仪器参数：电源打开后，微机液晶显示器显示 M；00dn. m。打开绘图板电源，按 SET 键。屏幕显示 DATE×× ×× ×× ××（年、月、日、时）按 △ 键和 ▽ 键调节键选定年、月、日、时后，按回车键确认，继续显示操作代号，设定胶料代号。设定转矩

（100. d. v. m）、时间（选定）、实验温度（已设定温度）、摆角（1°）实验终止时间。DELAY9.9（暂未用）用△和▽分别选定后，用回车确认。设定完毕后，屏幕显示设定的日期。如 DATE×× ×× ×× ××。按 MOD，屏幕显示 PRINT1。在绘图仪上放好纸和笔后，按回车键，则绘图仪自动给出表头，并自动进入实验状态。

④ 实验

a. 打开空气压缩机开关，使得压力上升至 5kgf/cm² 时，可以开始实验。

b. 称 6.5g 混炼胶（胶片厚 4～6mm，面积不大于模腔尺寸）。

c. 取出转子，放好密封圈后，插入下模腔孔中，旋转转子，对正后能下降至下模腔 3～4mm 处即可。此时把实验用胶料放在转子表面中央，按微机面板上 AUT 键，上模腔自动下压，并自动开始实验。

d. 实验到预设的终止时间时上模腔自动上升，打印结果，取出胶样后，重复 c. 的操作，则仪器继续进行第二次实验，若在规定时间内需终止实验，或实验已经达到要求，则按下气缸键。则上模腔自动上升，绘图机同样打出实验数据（图 2-18 所示）。

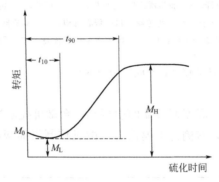

图 2-18　硫化特征曲线

M_0—初始转矩；M_H—最高转矩；M_L—最低转矩

e. 实验完毕后，关上仪器和绘图仪电源。取出绘图笔，盖上笔帽，放回存放处，取下记录纸，罩上仪器罩，实验结束。

5. 结果分析、计算

天然橡胶硫化特性

试样名称	天然橡胶胶料
最小转矩 M_L/N·m	
最大转矩 M_H/N·m	
$(M_H-M_L)\times10\%+M_L$/N·m	
$(M_H-M_L)\times90\%+M_L$/N·m	
焦烧时间/min	
正硫化时间/min	

6. 思考题

① 未硫化胶硫化特性的测定有何实际意义？

② 为什么说硫化特性曲线能近似反映橡胶的硫化历程？

第三章 高分子材料性能测试

第一节 力 学 性 能

高聚物作为一种新型的结构材料之所以在我国的工农业生产、高科技以及日常生活中得到广泛的应用，主要是基于它们一系列优异的物理性能，在这些性能中，尤以力学性能最为重要。力学性能是决定高聚物材料合理应用的主导因素。高聚物的力学性能是高聚物作为高分子材料使用时所要考虑的最主要性能，它牵涉到高分子新材料的设计及新材料的使用条件，因此了解高聚物的力学性能是我们掌握高分子材料的必要条件。

高聚物的力学性能数据主要是模量、强度极限、形变及疲劳性能（包括疲劳极限和疲劳寿命）。由于高分子材料在应用中的受力方式不同，高聚物的力学性能表征按不同受力方式定出了拉伸（张力）、压缩、弯曲、剪切、冲击、硬度等不同受力方式下的表征方法及相应的各种模量、强度、形变等可以代表高聚物受力不同的各种数据。

实验九 拉伸性能测定

1. 实验目的要求

① 熟悉高分子材料拉伸性能测试标准条件和测试原理；

② 了解测试条件对测定结果的影响；

③ 掌握塑料拉伸强度的测定方法。

2. 实验原理

拉伸试验是在规定的试验温度、试验速度和湿度条件下，对标准试样沿其纵轴方向施加拉伸载荷，直到试样被拉断为止。拉伸时，试样在纵轴方向所受到的力称为表观应力 σ。

$$\sigma = p/A_0 \text{(MPa)} \tag{3-1}$$

式中 p——拉伸载荷；

A_0——试样的初始截面。

试样的伸长率即应变 ε 为

$$\varepsilon = \Delta L/L_0 (100\%) \tag{3-2}$$

式中 L_0——试样标定线间的初始长度；

ΔL——拉伸后标定线长度的变化量。

聚合物的拉伸性能可通过其应力-应变曲线来分析，典型的聚合物拉伸应力-应变曲线如图 3-1 所示。在应力-应变曲线上，以屈服点为界划分为两个区域。屈服点之前是弹性区，即除去应力后材料能恢复原状，并在大部分该区域内符合虎克定律。屈服点之后是塑性区，即材料产生永久性变形，不再恢复原状。根据拉伸过程中屈服点的表现，伸长率的大小以及其断裂情况，应力-应变曲线大致可分为如图 3-2 所示的五种类型：①软而弱；②软而韧；③硬而强；④硬而韧；⑤硬而脆。

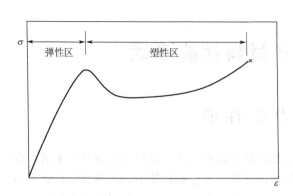

图 3-1　典型聚合物拉伸应力-应变曲线图

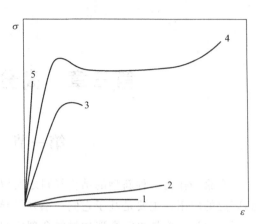

图 3-2　五种类型聚合物拉伸 σ-ε 曲线图

1—软而弱；2—软而韧；3—硬而强；

4—硬而韧；5—硬而脆

对于形变很大的聚合物材料，由于拉伸过程中试样的截面积发生变化。从 σ-ε 曲线直接得到的标称拉伸力学性能已经不符合实际情况，故必须转化成真应力和真应变，以求得真实拉伸力学性能。

真应力 σ' 为：

$$\sigma' = p/A \text{（MPa）} \tag{3-3}$$

式中　p——拉伸载荷，N；

A——试样的瞬时截面积，mm^2。

如果与之相应时刻内，试样的标线长度由 L 被拉伸为 $L + dL$，则真应变 δ 为：

$$\delta = \int_{L_0}^{L} \frac{dL}{L} = \ln \frac{L}{L_0} = \ln \left(\frac{L_0 + \Delta L}{L_0} \right) = \ln(1 + \varepsilon) \text{（100\%）} \tag{3-4}$$

假定试样在大形变时体积不变，即 $AL = A_0 L_0$，则真应力可表示为：

$$\sigma' = \frac{p}{A} = \frac{pL}{A_0 L_0} = \frac{p}{A_0}(1 + \varepsilon) = \sigma(1 + \varepsilon) \tag{3-5}$$

真应变 δ 和真应力 σ' 可由标称应变 ε 和标称应力 σ 通过式（3-4）和式（3-5）求得。

在实际拉伸过程中，试样的截面积 A 的变化更为复杂多样。有的试样会均匀地逐渐变细，而有些则突然变细成颈，以后截面积 A 基本保持不变，只是细颈进一步伸长，直到被拉断为止。这就是被称为"冷拉"现象。

3. 实验原材料和仪器设备

（1）原材料　聚丙烯（PP），聚苯乙烯（PS）。

（2）仪器设备　电子万能（拉力）试验机（深圳市新三思材料检测有限公司，型号：4104）、游标卡尺、直尺。

电子万能（拉力）试验机测试主体结构示意图如图 3-3 所示。

4. 实验步骤

① 试样制备

a. 试样形状　拉伸试样共有 4 种类型：Ⅰ型试样（双铲型），见图 3-4；Ⅱ型试样（哑铃型），见图 3-5；Ⅲ型试样（8 字型），见图 3-6；Ⅳ型试样（长条型），见图 3-7。

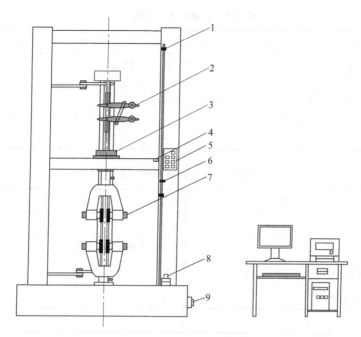

图 3-3　电子万能（拉力）试验机测试主体结构示意图

1—固定挡圈；2—引伸计；3—力传感器；4—碰块；5—手动控制盒；6—可调挡圈；

7—拉伸夹具；8—急停开关；9—电源开关

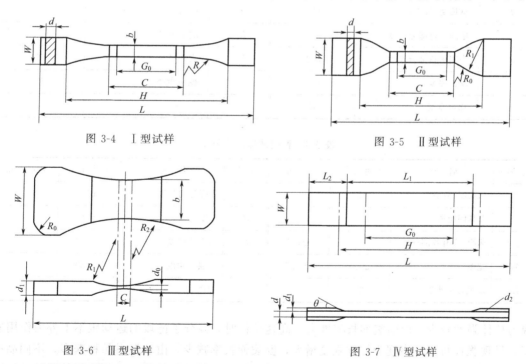

图 3-4　Ⅰ型试样　　　　　　　　　　　　　　图 3-5　Ⅱ型试样

图 3-6　Ⅲ型试样　　　　　　　　　　　　　　图 3-7　Ⅳ型试样

　　b. 试样尺寸规格　不同类型的样条有不同的尺寸公差，具体见表 3-1、表 3-2、表 3-3 和表 3-4。

　　c. 拉伸时速度的设定　塑料属黏弹性材料，它的应力松弛过程与变形速率紧密相关，应力松弛需要一个时间过程。当低速拉伸时，分子链来得及位移、重排，呈现韧性行为。表

表 3-1　Ⅰ型试样尺寸公差

物理量	名　称	尺寸/mm	公差/mm	物理量	名　称	尺寸/mm	公差/mm
L	总长度(最小)	150	—	W	端部宽度	20	±0.2
H	夹具间距离	115	±5.0	d	厚度	4	—
C	中间平行部分长度	60	±0.5	b	中间平行部分宽度	10	±0.2
G_0	标距(或有效部分)	50	±0.5	R	半径(最小)	60	—

表 3-2　Ⅱ型试样尺寸公差

物理量	名　称	尺寸/mm	公差/mm	物理量	名　称	尺寸/mm	公差/mm
L	总长度	115	—	d	厚度	2	—
H	夹具间距离	80	±5.0	b	中间平行部分距离	6	±0.4
C	中间平行部分长度	33	±2.0	R_0	小半径	14	±1.0
G_0	标距(或有效部分)	25	±1.0	R_1	大半径	25	±2.0
W	端部距离	25	±1.0				

表 3-3　Ⅲ型试样尺寸公差

符号	名　称	尺寸/mm	符号	名　称	尺寸/mm
L	总长度(最小)	110	b	中间平行部分宽度	25
C	中间平行部分长度	9.5	R_0	端部半径	6.5
d_0	中间平行部分厚度	3.2	R_1	表面半径	75
d_1	端部厚度	6.5	R_2	侧面半径	75
W	端部宽度	45			

表 3-4　Ⅳ型试样尺寸公差

符号	名　称	尺寸/mm	公差/mm	符号	名　称	尺寸/mm	公差/mm
L	总长度(最小)	250	—	L_1	加强片间长度	150	±5.0
H	夹具间距离	170	±5.0	d	厚度	2~10	—
G_0	标距(或有效部分)	100	±0.5	d_1	加强片厚度	3~10	—
W	宽度	2550	±0.5	θ	加强片角度	5°~30°	—
L_2	加强片最小长度	50		d_2	加强片		

现为拉伸强度减少，而断裂伸长率增大。高速拉伸时，高分子链段的运动跟不上外力作用速度，呈现脆性行为。表现为拉伸强度增大，断裂伸长率减少。由于塑料品种繁多，不同品种的塑料对拉伸速度的敏感程度不同。硬而脆的塑料对拉伸比较敏感，一般采用较低的拉伸速度。韧性塑料对拉伸速度的敏感性较小，一般采用较高的拉伸速度。

　　拉伸试验方法国家标准规定的试验速度范围为 1~500mm/min，分为 9 种速度，见表3-5和表 3-6。

表 3-5 拉伸速度范围

类型	速度/(mm/min)	允许误差	类型	速度/(mm/min)	允许误差
速度 A	1	±50%	速度 F	50	±10%
速度 B	2	±20%	速度 H	100	±10%
速度 C	5	±20%	速度 I	200	±10%
速度 D	10	±20%	速度 J	500	±10%
速度 E	20	±10%			

表 3-6 不同塑料优选的试样类型及相关条件

塑料品种	试样类型	试样制备方法	试样最佳厚度/mm	试验速度
硬质热塑性塑料 热塑性增强材料	I	注塑 模压	4	B,C,D,E,F
硬质热塑性塑料板 热固性塑料板 (包括层压板)		机械加工	2	A,B,C,D,E,F,G
软质热塑性塑料 软质热塑性塑料板	II	注塑 模压 板材机械加工 板材冲压加工	2	F,G,H,I
热固性塑料 (包括填充增强塑料)	III	注塑 模压	—	C
热固性增强塑料板	IV	机械加工	—	B,C,D

② 试验应在温度（23±2）℃，相对湿度（50±5）% 环境下进行。

③ 开机：试验机→计算机→打印机（注：每次开机后要预热 5min，待系统稳定后，才可进行试验工作）。

④ 选择和安装拉伸试验用夹具。

⑤ 点击试验部分里的新试验，选择相应的试验方案，输入试样的原始用户参数如尺寸等（测量试样尺寸精确到 0.01mm），多根试样直接按回车键生成新记录。

⑥ 夹持试样。将试样安装在拉力试验机上，先将试样夹在接近力传感器一端的夹头上，并使其轴线与拉伸应力的方向一致，使夹具松紧适宜以防止试样滑脱。

⑦ 根据试样的长度及夹具的间距设置好限位装置。

⑧ 如需使用电子引伸计或大变形则把电子引伸计或者大变形装夹在试样上。

⑨ 检查屏幕显示的试验条件，样品参数。如有不适合之处可以修改。确认无误之后，按"运行"键开始试验，设备将按照软件设定的试验方案进行试验，多个样品测试请重复⑥~⑧步骤。仔细观察试样在拉伸过程中的变化，直到拉断为止。

⑩ 一批试验完成后点击"生成报告"按钮将生成试验报告。

⑪ 单击导出 Excell。

⑫ 关机：试验机→打印机→计算机。

5. 数据处理

（1）根据材料试验机绘出的 PS，PP 拉伸曲线，比较和鉴别它们的性能特征。

（2）根据 PP 的载荷-伸长曲线、逐点计算 σ' 和 δ，将计算结果绘制成 σ'-δ 曲线。

6. 思考题

① 改变试样的拉伸速率会对试验产生什么影响？

② 在试验过程中，试样的截面积变化会对最终谱图产生什么影响？你认为在现有的试验条件下能否真实地获得或通过计算获得瞬时的截面积？

实验十　压缩强度测定

1. 实验目的要求

① 熟悉高分子材料压缩性能测试标准条件、测试原理及其操作；

② 测试各类不同形状试样的压缩强度；

③ 了解测试条件对测定结果的影响。

2. 实验原理

压缩试验是基于在常温下对标准试样的两端施加均匀的、连续的、轴向静压缩载荷，直至破坏或达到最大载荷时，求得压缩性能参数的一种方法。

压缩实验是最常用的一种力学实验，压缩性能实验是把试样置于试验机的两压板之间，并在沿试样两个端面的主轴方向，以恒定的速度施加大小相等而方向相反的力，使试样沿轴向方向缩短，而径向方向增大，产生压缩变形，直至试样破裂或形变达到预先规定的数值为止。

（1）压缩强度（σ）

$$\sigma = \frac{p}{F} \tag{3-6}$$

式中　σ——压缩应力，MPa；

　　　p——压缩负荷，N；

　　　F——试样原始面积，mm^2。

（2）压缩应变（ε）

$$\varepsilon = \frac{l_1 - l_0}{l_0} \tag{3-7}$$

式中　ε——试样的压缩应变；

　　　l_0——试样的原始高度，mm；

　　　l_1——试样压缩后的高度，mm。

（3）压缩模量（E）

$$E = \frac{\sigma}{\varepsilon} \tag{3-8}$$

式中　E——试样压缩模量，MPa；

　　　σ——应力-应变曲线的线性范围内的任意应力差，MPa；

　　　ε——与应变差应力-应变曲线的线性范围内的应力相对应的应变值。

3. 实验原材料和仪器设备

（1）原材料　聚丙烯（PP）。

（2）仪器设备　电子万能（拉力）试验机（深圳市新三思材料检测有限公司，型号：

4104）、游标卡尺。电子万能（拉力）试验机测试主体结构示意图如图 3-8 所示。

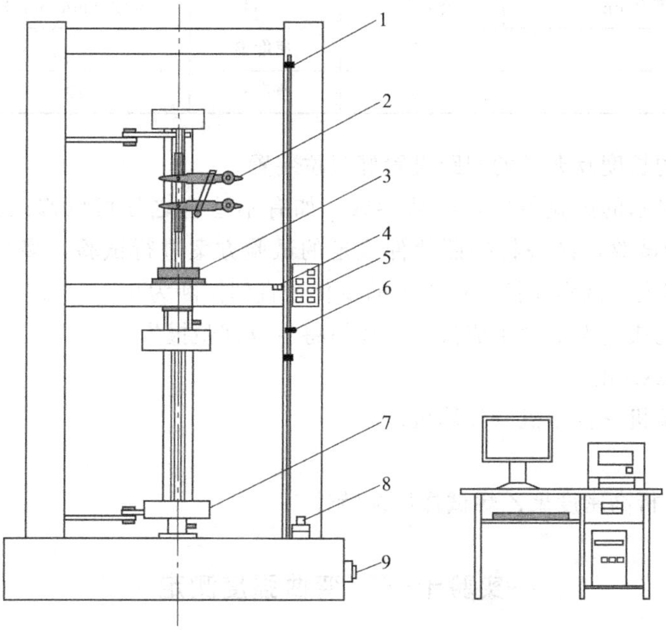

图 3-8　电子万能（拉力）试验机测试主体结构示意图
1—固定挡圈；2—引伸计；3—力传感器；4—碰块；5—手动控制盒；6—可调挡圈；
7—压缩夹具；8—急停开关；9—电源开关

4. 实验步骤

① 试样制备：压缩所用的试样可用压缩、模塑或机械加工方法制备。试样的形状可以是正方棱柱、矩形棱柱、圆柱体和圆管形，其具体形状和尺寸见表 3-7。

表 3-7　不同试样的标准尺寸　　　　单位：mm

正方棱柱		矩形棱柱				正圆柱体		圆　管			
h	a	h	a	b	h	d	h	d_1	d_2
30	10.4±0.4	30	15.4±0.2	10.4±0.4	30	12±0.1	32	8.0±0.1	10.0±0.1

② 试验应在温度（23±2）℃，相对湿度（50±5）%环境下进行。

③ 开机：试验机→计算机→打印机（注：每次开机后要预热 5min，待系统稳定后，才可进行试验工作）。

④ 调换和安装压缩试验用夹具。把试样放在两压板之间，并使试样中心线与两板中心连线重合，确保试样端面与压板表面平行。调整电子万能（拉力）试验机，使压板表面恰好与试样端面接触，并把此时定义为测定形变的零点。

⑤ 沿试样高度方向测量三处横截面尺寸，计算平均值。测量试样高度精确到 0.01mm。

⑥ 点击试验部分里的新试验，选择相应的试验方案，输入试样的原始用户参数如尺寸等（测量试样尺寸精确到 0.01mm），多根试样直接按回车键生成新记录。

⑦ 根据材料的规定调整实验速度。若没有规定，则调整速度 1～5mm/min（如表 3-8）。易变形的材料可以采用表中给出的较高速度。

表 3-8　实验速度

项 目	速度/(mm/min)	公差/%	项 目	速度/(mm/min)	公差/%
速度 A_1	1	±50	速度 B	5	±20
速度 A_2	2	±20	速度 C	10	±20

⑧ 根据试样的长度及夹具的间距设置好限位装置。

⑨ 检查屏幕显示的试验条件，样品参数。如有不适合之处可以修改。确认无误之后，按"运行"键开始试验，设备将按照软件设定的试验方案进行试验，多个样品测试请重复⑥～⑧步骤。仔细观察试样在拉伸过程中的变化，直到拉断为止。

⑩ 一批试验完成后点击"生成报告"按钮将生成试验报告。

⑪ 单击导出 Excell。

⑫ 关机：试验机➙打印机➙计算机。

5. 思考题

从实验结果分析高密度聚乙烯试样压缩特性。

实验十一　弯曲强度测定

1. 实验目的要求

① 熟悉高分子材料弯曲性能测试标准条件、测试原理及其操作；

② 测定脆性及非脆性材料的弯曲强度。

2. 实验原理

弯曲性能主要用来检测材料在经受弯曲负荷作用时的性能。本实验对试样施加静态三点式弯曲负荷，通过压力传感器、负荷及变形，测定试样在弯曲变形过程中的特征量如弯曲过程中任何时刻跨度中心处截面上的最大外层纤维正应力（弯曲应力）、当挠度等于规定值时的弯曲应力（定挠度时弯曲应力）、在定挠度前或之时破断瞬间所达到的弯曲应力（弯曲破坏应力）、在规定挠度前或之时，负荷达到最大值时的弯曲应力（弯曲强度、最大负荷时的弯曲应力）、超过定挠度时负荷达到最大值时的弯曲应力（表观弯曲应力）。试样弯曲负荷达到最大值时的弯曲强度（σ）为：

$$\sigma = \frac{1.5pL}{bh^2} \tag{3-9}$$

式中　p——最大负荷，N；

　　　L——试样长度，mm；

　　　b——试样宽度，mm；

　　　h——试样厚度，mm。

3. 实验原材料和仪器设备

（1）原材料　聚苯乙烯（PS），脆性材料；低密度聚乙烯（LDPE），非脆性材料。

（2）仪器设备　电子万能（拉力）试验机（深圳市新三思材料检测有限公司，型号：4104）、游标卡尺。电子万能（拉力）试验机测试主体结构示意图如图 3-9 所示。

4. 实验步骤

① 试样型式和尺寸：试样型式和尺寸见图 3-10，表 3-9 和表 3-10。

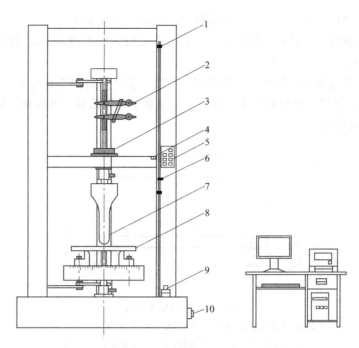

图 3-9　电子万能（拉力）试验机主体结构示意图

1—固定挡圈；2—引伸计；3—力传感器；4—碰块；5—手动控制盒；6—可调挡圈；

7—压头；8—样条；9—急停开关；10—电源开关

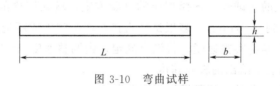

图 3-10　弯曲试样

表 3-9　弯曲标准试样尺寸　　　　　　　　　　单位：mm

厚度 h	宽度 b	长度 L
$1<h\leqslant10$	15 ± 0.2	
$10<h\leqslant20$	30 ± 0.5	
$20<h\leqslant35$	50 ± 0.5	$20h$
$35<h\leqslant50$	80 ± 0.5	

表 3-10　弯曲非标准试样尺寸　　　　　　　　单位：mm

厚度 h	宽度 b	
	基本尺寸	极限偏差
$1<h\leqslant3$	25	
$3<h\leqslant5$	10	
$5<h\leqslant10$	15	
$10<h\leqslant20$	20	±0.5
$20<h\leqslant35$	35	
$35<h\leqslant50$	50	

② 试验应在温度（23±2）℃，相对湿度（50±5）％环境下进行。

③ 开机：试验机→计算机→打印机（注：每次开机后要预热 5min，待系统稳定后，才可进行试验工作）。

④ 调换和安装弯曲试验用压头，调整支座跨度，把试样放在支点台上（如图 3-11），若一面加工的试样，将加工面朝向压头，压头与加工面应是线接触，并保证与试样宽度的接触线垂直于试样长度方向。

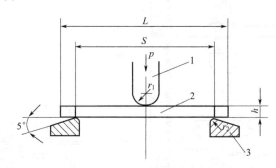

图 3-11　弯曲压头条件

1—压头（r_1＝10mm 或 5mm）；2—试样；3—试样支点台（r_2＝2mm）；

h—试样高度；p—弯曲负荷；L—试样长度；S—跨距

⑤ 测量试样中间部分的宽度和厚度。宽度测量准确到 0.05mm，厚度测量准确到 0.01mm，测量三点取其平均值。

⑥ 点击试验部分里的新试验，选择相应的试验方案，输入试样的原始用户参数如尺寸等（测量试样尺寸精确到 0.01mm），多根试样直接按回车键生成新记录。

⑦ 根据材料的规定调整实验速度。若没有规定，则调整速度 1～5mm/min（如表 3-8）。易变形的材料可以采用表中给出的较高速度。

⑧ 根据试样的长度及夹具的间距设置好限位装置。

⑨ 检查屏幕显示的试验条件、样品参数。如有不适合之处可以修改。确认无误之后，按"运行"键开始试验，设备将按照软件设定的试验方案进行试验，多个样品测试请重复⑥～⑧步骤。仔细观察试样在拉伸过程中的变化，直到拉断为止。

⑩ 一批试验完成后点击"生成报告"按钮将生成试验报告。

⑪ 单击导出 Excell。

⑫ 关机：试验机→打印机→计算机。

6. 思考题

跨度、实验速度对弯曲强度测定结果有何影响?

实验十二　简支梁冲击试验（Charpy 方法）

1. 实验目的要求

① 掌握高分子材料冲击性能测试的简支梁冲击试验方法、操作及其实验结果处理；

② 了解测试条件对测定结果的影响。

2. 实验原理

把摆锤从垂直位置挂于机架的扬臂上以后，此时扬角为 α（如图 3-12），它便获得了一定的位能，如任其自由落下，则此位能转化为动能，将试样冲断，冲断以后，摆锤以剩余能量升到某一高度，升角为 β。

根据摆锤冲断试样后升角 β 的大小，即可绘制出读数盘，由读数盘可以直接读出冲断试样时所消耗的功的数值。将此功除以试样的横截面积，即为材料的冲击强度。

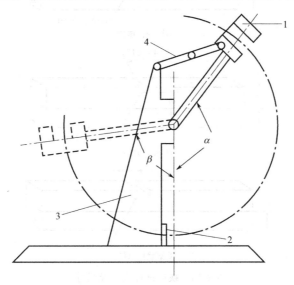

图 3-12 摆锤式冲击实验机工作原理
1—摆锤；2—试样；3—机架；4—扬臂

3. 实验试样和仪器设备

（1）试样

① 注塑标准试样 试样表面应平整、无气泡、无裂纹、无分层和无明显杂质，缺口试样在缺口处应无毛刺。试样类型和尺寸以及相对应的支撑线间距如表 3-11 所示；试样缺口的类型和尺寸如图 3-13、表 3-12 所示。优选试样类型为 1 型，优选项缺口类型为 A 型。

表 3-11 试样类型、尺寸及对应的支撑线间距　　　　　　单位：mm

试样类型	长度 L		宽度 b		厚度 d		支撑线间距 L
	基本尺寸	极限偏差	基本尺寸	极限偏差	基本尺寸	极限偏差	
1	80	±2	10	±0.5	4	±0.2	60
2	50	±1	6	±0.2	4	±0.2	40
3	120	±2	15	±0.5	10	±0.5	70
4	125	±2	13	±0.5	13	±0.5	95

表 3-12 缺口类型和制品尺寸　　　　　　单位：mm

试样类型	缺口类型	缺口剩余厚度 d_k	缺口底部圆弧半径 r		缺口宽度 n	
			基本尺寸	极限偏差	基本尺寸	极限偏差
1,2,3,4	A	$0.8d$	0.25	±0.05	—	—
	B	$0.8d$	1.0	±0.05	—	—
1,3	C	$\dfrac{2}{3}d$	≤0.1	—	2	±0.2
2	C	≤0.1	—	0.8	±0.1

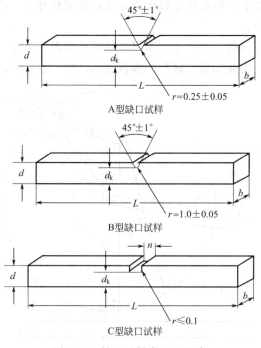

图 3-13　缺口试样类型及尺寸

② 板材试样　板材试样厚度在 3～13mm 之间时取原厚度，大于 13mm 时应从两面均匀地进行机械加工到 (10±0.5)mm。4 型试样的厚度必须加工到 13mm。

当使用非标准厚度试样时，缺口深度与试样厚度尺寸之比也应满足表 3-12 的要求，厚度小于 3mm 的试样不做冲击实验。

如果受试材料的产品标准有规定，可用带模塑缺口的试样，模塑缺口试样和机械加工缺口的试样实验结果不能相比。除受试材料的产品标准另有规定外，每组试样数应不少于 10 个。各向异性材料应从垂直和平行于主轴的方向各切取一组试样。

(2) 仪器设备　摆锤式简支梁冲击机。

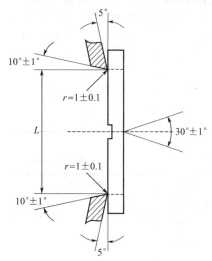

图 3-14　标准试样的冲击
刀刃和支座尺寸

4. 实验步骤

① 对于无缺口试样，分别测定试样中部边缘和试样端部中心位置的宽度和厚度，并取其平均值为试样的宽度和厚度，准确至 0.02mm。缺口试样应测量缺口处的剩余厚度，测量时应在缺口两端各测一次，取其算术平均值。

② 根据试样破坏时所需的能量选择摆锤，使消耗的能量在摆锤总能量的 10%～85% 范围内。

③ 调节能量刻度盘指针零点，使它在摆锤处于起始位置时与主动针接触。进行空白实验，保证总摩擦损失在规定的范围内。

④ 抬起并锁住摆锤，把试样按规定放置在两支撑块上，试样支撑面紧贴在支撑块上，使冲击刀刃对准试样中心，缺口试样使刀刃对准缺口背向的中心位置。

冲击刀刃及支座尺寸如图 3-14 所示。

⑤ 平稳释放摆锤，从刻度盘上读取试样破坏时所吸收的冲击能量值。试样无破坏的，吸收的能量应不作取值，实验记录为不破坏或 NB；试样完全破坏或部分破坏的可以取值。

⑥ 如果同种材料在实验中观察到一种以上的破坏类型时，须在报告中标明每种破坏类型的平均冲击值和试样破坏的百分数。不同破坏类型的结果不能进行比较。

5. 数据处理

（1）无缺口试样简支梁冲击强度 a（kJ/m^2）

$$a = \frac{A}{bd} \times 10^3 \tag{3-10}$$

式中　A——试样吸收的冲击能量值，J；

　　　b——试样宽度，mm；

　　　d——试样厚度，mm。

（2）缺口试样简支梁冲击强度 a_k（kJ/m^2）

$$a_k = \frac{A_k}{bd_k} \times 10^3 \tag{3-11}$$

式中　A_k——试样吸收的冲击能量值，J；

　　　b——试样宽度，mm；

　　　d_k——缺口试样缺口处剩余厚度，mm。

（3）标准偏差 s

$$s = \sqrt{\frac{\sum (x_i - \bar{x})^2}{n-1}} \tag{3-12}$$

式中　x_i——单个试样测定值；

　　　$\bar{x}$——一组测定值的算术平均值；

　　　n——测定值个数。

6. 思考题

如果试样上的缺口是机械加工而成，加工缺口过程中，哪些因素会影响测定结果？

实验十三　悬臂梁冲击实验（Izod 方法）

1. 实验目的要求

① 掌握高分子材料冲击性能测试的悬臂梁冲击试验方法、操作及其实验结果处理；

② 了解测试条件对测定结果的影响。

2. 实验原理

把摆锤从垂直位置挂于机架的扬臂上以后，它便获得了一定的位能，如任其自由落下，则此位能转化为动能，将试样冲断，冲断以后，摆锤以剩余能量升到某一高度。根据摆锤冲断试样后升到的高度，即可绘制出读数盘，由读数盘可以直接读出冲断试样时所消耗的功的数值。将此功除以试样的横截面积，即为材料的冲击强度。

3. 实验试样和仪器

（1）试样

① 模塑和挤塑料　最佳试样为 1 型试样，长 80mm，宽 10.00mm；最佳缺口为 A 型，

如图 3-15 所示。如果要获得材料对缺口敏感的信息，应实验 A 型和 B 型缺口。

除受试材料标准另有规定，一组应测试 10 个试样，当变异系数小于 5％时，测试 5 个试样。

表 3-13　方法名称、试样类型、制品类型及尺寸

方法名称	试样类型	缺口类型	缺口底部半径 r_N/mm	缺口底部的剩余宽度 b_N/mm
GB 1843/1U	1	无缺口	—	
GB 1843/1A	1	A	0.25 ± 0.05	8.0 ± 0.2
GB 1843/1B	1	B	1.0 ± 0.05	8.0 ± 0.2

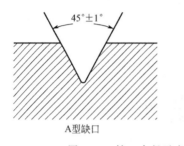 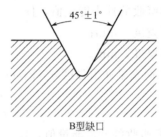

A型缺口　　　　　　　　　B型缺口

图 3-15　缺口半径示意图（尺寸见表 3-13）

② 试样制备　试样制备应按照 GB 5471、GB 9352 或材料有关规范进行制备，1 型试样可按 GB 11997 方法制备的 A 型试样的中部切取；板材用机械加工制备试样时应尽可能采用 A 型缺口的 1 型试样，无缺口试样的机加工面不应面朝冲锤；各向异性的板材需从纵横两个方向各取一组试样进行实验。

（2）仪器　摆锤式悬臂梁冲击机应具有刚性结构，能测量破坏试样所吸收的冲击能量值 W，其值为摆锤初始能量与摆锤在破坏试样之后剩余能量的差，应对该值进行摩擦和风阻校正（见表 3-14）。

表 3-14　悬臂梁摆锤冲击实验机的特性

能量 E/J	冲击速度 V_S/(m/s)	无试样时的最大摩擦损失/J	有试样经校正后的允许误差/J
1.0		0.02	0.01
2.75		0.03	0.01
5.5	$3.5(\pm10\%)$	0.03	0.02
11.0		0.05	0.02
22.0		0.10	0.10

4. 实验步骤

① 除有关方面同意采用别的条件如在高温或低温实验外，都应在与状态调节相同的环境中进行实验。

② 测量每个试样中部的厚度和宽度或缺口试样的剩余宽度 b_N，精确到 0.02mm。

③ 检查实验机是否有规定的冲击速度和正确的能量范围，破断试样吸收的能量在摆锤容量的 10％～80％范围内，若表 3-14 中所列的摆锤中有几个都能满足这些要求时，应选择其中能量最大的摆锤。

④ 进行空白实验，记录所测得的摩擦损失，该能量损失不能超过表 3-14 所规定的值。

⑤ 抬起并锁住摆锤，正置试样冲击。测定缺口试样时，缺口应放在摆锤冲击刃的一边。释放摆锤，记录试样所吸收的冲击能，并对其摩擦损失等进行修正。试样冲击处、虎钳支座、试样及冲击刃位置如图 3-16 所示。

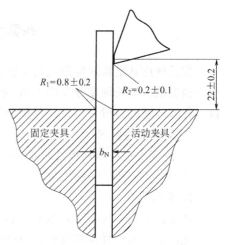

图 3-16　无缺口试样冲击处、虎钳支座、试样及冲击刃位置图

⑥ 试样可能出现四种破坏类型，即完全破坏（试样断开成两段或多段）、铰链破坏（断裂的试样由没有刚性的很薄表皮连在一起的一种不完全破坏）、部分破坏（除铰链破坏外的不完全破坏）和不破坏。测得的完全破坏和铰链破坏的值用以计算平均值。在部分破坏时，如果要求部分破坏值，则以字母 P 表示。完全不破坏时用 NB 表示，不报告数值。

⑦ 在同一样品中，如果有部分破坏和完全破坏或铰链破坏时，应报告每种破坏类型的自述平均值。

5. 数据处理

（1）无缺口试样悬臂梁冲击强度 a_{iu}（kJ/m²）

$$a_{iu} = \frac{W}{hb} \times 10^3 \tag{3-13}$$

式中　W——破坏试样吸收并修正后的能量值，J；

　　　b——试样宽度，mm；

　　　h——试样厚度，mm。

（2）缺口试样悬臂梁冲击强度 a_{iN}（kJ/m²）

$$a_{iN} = \frac{W}{hb_N} \times 10^3 \tag{3-14}$$

式中　W——破坏试样吸收并修正后的能量值，J；

　　　h——试样厚度，mm；

　　　b_N——缺口试样缺口底部的剩余宽度，mm。

计算一组实验结果的算术平均值，取两位有效数字，在同一样品中存在不同的破坏类型时，应注明各种破坏类型试样的数目和算术平均值。

（3）标准偏差 s

$$s = \sqrt{\frac{\sum (x_i - \bar{x})^2}{n-1}} \tag{3-15}$$

式中　x_i——单个试样测定值；

　　　$\bar{x}$——一组测定值的算术平均值；

　　　n——测定值个数。

6. 思考题

如何从配方及工艺上提高高聚物材料的冲击强度？

实验十四　邵氏硬度测定

邵氏硬度计是将规定形状的压针在标准的弹簧力下压入试样，把压针压入试样的深度转换为硬度值。邵氏硬度分为邵氏 A 和邵氏 D 两种，邵氏 A 硬度适用于橡胶及软质塑料，用 HA 表示，邵氏 D 硬度适用于较硬的塑料，用 HD 表示。

1. 实验目的要求

① 测定硬塑料和软塑料的硬度；

② 掌握邵氏硬度测量的基本原理及测量方法。

2. 实验原理

本实验采用邵氏压痕硬度计，将规定形状的压针，在标准的弹簧压力下和规定的时间内，把压针压入试样的深度转换为硬度值，表示该试样材料的邵氏硬度值。邵氏压痕硬度计不适应于泡沫塑料。

3. 实验试样和仪器设备

（1）试样　聚丙烯（PP），天然橡胶（NR）。

试样应厚度均匀，用 A 型硬度计测定硬度，试样厚度应不小于 5mm。用 D 型硬度计测定硬度，试样厚度应不小于 3mm。除非产品标准另有规定。当试样厚度太薄时，可以采用两层、最多不超过三层试样叠合成所需的厚度，并保证各层之间接触良好。

试样表面应光滑、平整、无气泡、无机械损伤及杂质等。

试样大小应保证每个测量点与试样边缘距离不小于 12mm，各测量点之间的距离不小于 6mm。可以加工成 50mm×50mm 的正方形或其他形状的试样。

每组试样的测量点不少于 5 个，可在一个或几个试样上进行。

（2）仪器设备　A 型和 D 型邵氏硬度计。硬度计主要由读数度盘、压针、下压板及压针施加压力的弹簧组成。压针的尺寸及其精度如图 3-17 所示。

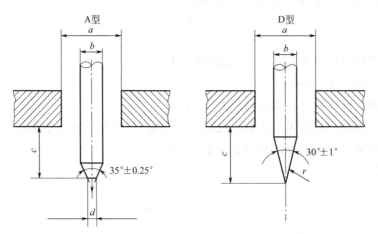

图 3-17　邵氏 A 型和 D 型硬度计压针

$a—\phi3.00\pm0.50$；$b—\phi1.25\pm0.15$；$c—\phi2.50\pm0.04$；$d—\phi0.79\pm0.03$；$r—\phi0.1\pm0.012$

① 读数度盘　度盘为 100 分度，每一分度相当于一个邵氏硬度值。当压针端部与下压板处于同一平面时，即压针无伸出，硬度计度盘指示为 100，当压针端部距离下压板（2.50±0.04)mm 时，即压针完全伸出，硬度计度盘应指示为 0。

② 压力弹簧 压力弹簧对压针所施加的力应与压针伸出压板位移量有恒定的线性关系。其大小与硬度计所指刻度的关系如下式所示：

A 型硬度计：

$$F_A = (56 + 7.66)HA \quad (gf)$$

或

$$F_A = (549 + 75.12)HA \quad (mN)$$

D 型硬度计：

$$F_D = 45.36HD \quad (gf)$$

或

$$F_D = 444.83HD \quad (mN)$$

式中 F_A、F_D——弹簧施加于 A 型和 D 型硬度计压针上的力（mN）或 gf；

HA、HD——A 型硬度计和 D 型硬度计的读数。

③ 下压板 为硬度计与试样接触的平面，它应有直径不小于 12mm 的表面，在进行硬度测量时，该平面对试样施加规定的压力，并与试样均匀接触。

④ 测定架 应备有固定硬度计的支架、试样平台（其表面应平整、光滑）和加载重锤。实验时硬度计垂直安装在支架上，并沿压针轴线方向加上规定质量的重锤，使硬度计下压板对试样有规定的压力。对于邵氏 A 为 1kgf，邵氏 D 为 5kgf。

硬度计的测定范围为 20～90 之间，当试样用 A 型硬度计测量硬度值大于 90 时，改用邵氏 D 型硬度计测量，用 D 型硬度计测量硬度值低于 20 时，改用 A 型硬度计测量。

硬度计的校准：在使用过程中压针的形状和弹簧的性能都会发生变化，因此对硬度计的弹簧压力、压针伸出最大值及压针形状和尺寸应定期检查校准。推荐使用邵氏硬度计检定仪校准弹簧力。压针弹簧力的检定误差，A 型硬度计要求偏差在 ±0.4g 之内，D 型硬度计偏差在 ±2.0g 以内。若无邵氏硬度计检定仪，也可用天平秤来校准，只是测得的力应等于硬度与所指刻度关系式所计算的力（A 型偏差 ±8g，D 型偏差 ±45g）。

4. 实验步骤

① 按 GB 1039—79《塑料力学性能实验方法总则》中第 2、3、4 条规定调节实验环境并检查和处理试样。对于硬度与温度无关的材料，实验前应在实验环境中至少放置 1h。

② 将硬度计垂直安装在硬度计支架上，用厚度均匀的玻璃平放在试样台上，在相应的重锤作用下使硬度计下压板与玻璃完全接触，此时读数盘指针应指示 100，当指针完全离开玻璃片时，指针应指示 0。允许最大偏差为 ±1 个邵氏硬度值。

③ 将待测试样置于测定架的试样平台上，使压针头离试样边缘至少 12mm，平稳而无冲击地使硬度计在规定重锤的作用下压在试样上，在下压板与试样完全接触 15s 后立即读数。如果规定要瞬时读数，则在下压板与试样完全接触后 1s 内读数。

④ 在试样上相隔 6mm 以上的不同点处测量硬度至少 5 次，取其平均值。

注意：如果实验结果表明，不用硬度计支架和重锤也能得到重复性较好的结果，也可以用手压紧硬度计直接在试样上测量硬度。

5. 数据处理

(1) 硬度值 从读数度盘上读取的分度值即为所测定的邵氏硬度值。用符号 HA 或 HD 来表示邵氏 A 或邵氏 D 的硬度。如：用邵氏 A 硬度计测得硬度值为 50，则表示为 HA50。实验结果以一组试样的算术平均值表示。

(2) 标准偏差 s

$$s = \sqrt{\frac{\sum (x_i - \overline{x})^2}{n-1}} \tag{3-16}$$

式中　x_i——单个试样测定值；

　　　$\overline{x}$——一组测定值的算术平均值；

　　　n——测定值个数。

6. 思考题

硬度实验中为何对操作时间要求严格？

实验十五　　洛氏硬度的测定

1. 实验目的要求

① 测定硬塑料和软塑料的硬度；

② 掌握洛氏硬度计的使用方法。

2. 实验原理

洛氏硬度是指用规定的压头对试样先施加初试验力，接着再施加主试验力，然后卸除主试验力，只保留初试验力，用前后两次初试验力作用下压头压入试样的深度差计算得出的值表示。

图 3-18 是洛氏硬度测定的原理示意图。

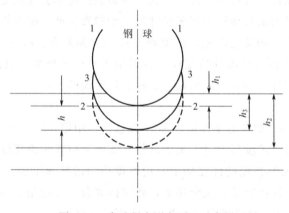

图 3-18　洛氏硬度测定原理示意图

采用金刚石圆锥或钢球作为压头，分两次对试样加荷，首先施加初试验力，压头压入试样的压痕深度为 h_1；接着再施加主试验力，压头在总试验力作用下的压痕深度为 h_2；然后压头在总试验力作用下保持一定时间后卸除主试验力，只保留初试验力，压痕因试样的弹性回复而最终形成的压痕深度为 h_3；最后用 h 表示前后两次初试验力作用下的压痕深度差即 $h = h_3 - h_1$，按式（3-17）计算硬度值。

$$HR = K - \frac{h}{C} \tag{3-17}$$

式中　HR——塑料的洛氏硬度值；

　　　h——两次初试验力作用下的压痕深度差，mm；

　　　C——常数，其值规定为 0.002mm；

　　　K——换算常数，其值规定为 130。这是因为若直接用两次压痕深度差 h 表示该材料的硬度值大小，将得到较硬材料的 h 值较小，而较软材料的 h 值反而较大的结果，为了适应人们数值越高，硬度也应越高的习惯概念，人为地规定了这一换算常数。

3. 实验试样和仪器设备

（1）试样　聚氯乙烯（PVC），聚甲基丙烯酸甲酯（PMMA）。

（2）仪器设备　DRH-FA 型全自动数字显示硬度计。

4. 实验步骤

① 表 3-15 给出洛氏硬度不同标尺的初试验力、主试验力和压头直径。初试验力和主试验力都应准确到 $\pm 2\%$ 以内。

表 3-15　不同标尺的试验力与压头直径

洛氏硬度标尺	初试验力/N	主试验力/N	压头直径/mm	
			基本尺寸	极限偏差
M	98.1	980.7	6.350	
L	98.1	588.4	6.350	± 0.015
R	98.1	588.4	12.700	
E	98.1	980.7	3.175	

　　试验时施加初试验力主要是为了确定压入深度的起点，消除压头、试样和工作台之间的间隙以及试样表面的凹凸不平对硬度值的影响，以保证试验结果的可比性。

　　② 试验平稳放在工作台上，试验过程不得有位移；试样厚度应均匀，厚度应不小于 10mm；试样大小应能保证在同一表面可进行 5 个点的测量，每个测量点的中心距试样边缘的距离均不得小于 10mm。试样若为非平面的其他形状，其尺寸可由有关的产品标准规定。采用叠层试样时，层数不多于 3 层。试验时必须保证施加的试验力与试样表面垂直。

　　③ 试验前应使用已知硬度的标准块用 E 标尺进行校准，大批量试验前还应用 M、L、R 标尺的标准块进行校准，以便在试验前发现并校正由于加力装置的失准或机架变形等引起的测试结果误差。标准计量块由中国计量科学院硬度室提供。

　　④ 试验前还应根据试样材料的软硬程度选择合适的标尺，以便使得硬度数值处于 50～115 之间，少数材料如不能处于此范围内，也不得超过 125。如果一种材料同时可用两种标尺，且所测值均处于规定范围内，则应选用较小试验力的标尺。同一试样材料必须应用同一标尺进行测定。

　　⑤ 试验时应按标准中规定的时间施加载荷和读数。

　　⑥ 本仪器可直接读取洛氏硬度值。若使用按硬度值分度的度盘式硬度计，应参照图 3-19 分别记录施加主试验力后长针通过 B0 的次数和卸除主试验力后长针通过 B0 的次数，两数相减后按以下方法得到硬度值：

　　　　差数为 0 时，标尺读数加 100 为硬度值；

　　　　差数为 1 时，标尺读数即为硬度值；

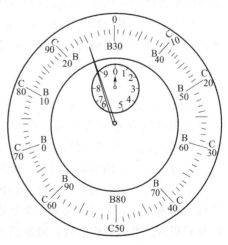

图 3-19　洛氏硬度计度盘图

差数为 2 时，标尺读数减 100 为硬度值。

此外，也可按式（3-17）计算得出硬度值。测得的洛氏硬度值用前缀字母和数字表示，例如使用 M 标尺测得的洛氏硬度值为 70，则表示为 HRM70。试验结果取 5 个单点测定值的算术平均值，并取 3 位有效数字。试验过程中如发现试样的正反两面有裂痕，该数据无效。

5. 思考题

影响洛氏硬度值有哪些因素？如何影响？

第二节 热 性 能

聚合物一般是靠分子间力结合的，所以导热性一般较差。固体聚合物的热导率范围较窄，一般在 0.22W/(m·K) 左右。结晶聚合物的热导率稍高一些。非晶聚合物的热导率随分子量增大而增大。同样加入低分子的增塑剂会使热导率下降。聚合物热导率随温度的变化有所波动，但波动范围一般不超过 10%。取向引起热导率的各向异性，沿取向方向热导率增大，横向方面减小。与传统材料相比，高聚物使用温度不高，不耐高温。在不是很高的温度（高聚物的使用温度）下，高聚物尺寸会发生变化，即高聚物的热膨胀。

实验十六 热导率测定

1. 实验目的要求

① 了解热导率测定的基本原理；

② 掌握"瞬态法"测定聚合物热导率的方法；

③ 熟悉快速热传导测定仪的使用。

2. 实验原理

热量从一个物体传到与之相接触的另一物体，或者从物体的一个部分传导到另一个部分，通常就称为热传导。衡量高分子材料热传导能力的重要参数是"热导率"。显然，热导率愈小，则材料的绝热性、保温性愈好。而另一方面，在聚合物加工时，为了在一定时间内能够将聚合物加热到加工温度以及冷却到环境温度，则要求试料有适当的热导率。

在理论上，聚合物热导率（k）的定义是：通过试样单位表面积的热流（dQ/dt）和在热流方向上的负温度梯度（dT/dx）之比值，"负"表示热流从高温流向低温。

$$k = \frac{dQ/dt}{dT/dx} \tag{3-18}$$

k 的单位是 J/(m·s·K)，1J/(m·s·K)=2.4×10^{-3}cal/(cm·s·℃)。

常用的测定方法有两种：稳态法（即"稳定热流法"）；瞬态法（即"不稳定热流法"）。稳态法测量可用图 3-20 的装置进行。

试样置于上下两容器之间。一种纯液体在下容器中沸腾而加热银板，冷凝后回到下容器中。上容器有个镀银底座，盛有液体的沸点比下容器中的液体沸点低 10～20℃。上容器中液体沸腾所生成的蒸气冷凝到一个接收器中。上下容器间的温度梯度 ΔT 依赖于试样的厚度 L 和面积 A。当达到稳态后，测量把一定量液体（1mL）蒸馏到接收器所需的时间 t。计算公式为：

$$k = \frac{\Delta H_v L}{At \Delta T} = \frac{L}{AR} \qquad\qquad (3\text{-}19)$$

式中　ΔH_v——上容器中液体的蒸发热，J；

　　　L——试样的厚度，mm；

　　　A——试样的面积；

　　　t——从上容器蒸出一定量液体所需时间，s；

　　　ΔT——温度梯度，℃；

　　　R——试样的热阻，它等于 $t\Delta T / \Delta H_v$。

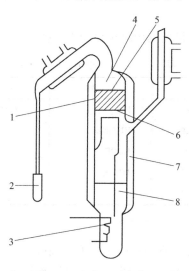

图 3-20　稳态法测定装置

1—试样；2—接收器；3—加热器；4—上容器；
5—镀银底座；6—银板；7—杜瓦瓶；8—下容器

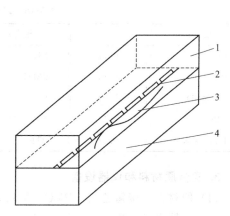

图 3-21　瞬态法原理示意图

1—探头；2—电热丝；3—热电偶；4—试样

测量时，首先测定已知热导率的材料（参比）在不同厚度（L）时的 t 值，以 R 值对 t 作图（因为 k，L，A 均为已知），得到一条 R-t 方法曲线。然后，测定不同厚度的未知试样的 t 值，从方法曲线查得 R 值，代入式（3-19）计算出 k 值。

本实验用"瞬态法"，仪器是快速热传导测定仪，其基本原理示意于图 3-21。探头由已知热导率的隔热材料制成，表面上有热电偶和一条电热丝。测量时，探头平放在试样上，这条电热丝紧贴试样的中间。若将能量（单位长度的热流）连续不断地供给这条电热丝，则电热丝的温度随时间而指数上升。从温度上升和时间之比值，通过式（3-20）式计算 k 值。

$$k = AI^2 \frac{\ln(t_2/t_1)}{V_2 - V_1} - B \qquad\qquad (3\text{-}20)$$

式中，A，B 为探头常数；I 为通过电热丝的电流；t_1，t_2 为采用的起始和结束时间；V_1，V_2 为热电偶的起始和结束输出电压。

瞬态法有下列优点：①迅速，测量时间只需 $10 \sim 180$ s；②测量过程中，试样温度的上升小于 20 ℃（注：稳态法可能上升 $50 \sim 100$ ℃），因此试样在环境温度下的热导率可以测得；例如，将试样放在 150 ℃的环境中，特别是对于那些热导率随温度变化很大的试样，更显出优越性；③试样的热扩散可以不考虑，因此在 $k = 0.02 \sim 10$ J/(m·s·K) 范围内尤为适应。

热导率和聚合物的结构是密切相关的，见表 3-16。结晶聚合物的热导率大于无定形的，诸如高度结晶的聚乙烯（PE）、聚甲醛（POM）等，在室温下其热导率均为 $0.71J/(m \cdot s \cdot K)$，而无定形的仅为 $0.17J/(m \cdot s \cdot K)$ 左右，相差甚大。因此，可参照无定形聚合物的热导率 k_a，通过经验 Eiermann 公式来计算结晶聚合物的热导率 k_c：

$$k_c = k_a \left[5.8 \left(\frac{\rho_c}{\rho_a} - 1 \right) + 1 \right] \tag{3-21}$$

式中，ρ_c 和 ρ_a 表示完全结晶和无定形聚合物的密度。不过，k_c 和 k_a 对温度的依赖性是相同的。

聚合物的分子量、交联度增加，热导率也增加。由于分子排列的影响，取向高分子材料的热导率，在取向方向上增大，而在垂直方向上减小。

此外，测量时接触探头的是试样的正面还是反面，得到热导率也可能不一样。

表 3-16　25℃，聚合物的热导率　　　　　单位：$J/(m \cdot s \cdot K)$

聚合物	k	聚合物	k	聚合物	k
PET	0.14	NR	0.18	PU	0.31
PS	0.16	PMMA	0.19	PU(泡沫)	0.03
PS(泡沫)	0.04	PP	0.24	LDPE	0.35
PVC	0.18	Nylon 66	0.25	HDPE	0.44
PVC(泡沫)	0.03	PTFE	0.27		

3. 实验原材料和仪器设备

（1）原材料　聚氯乙烯（PVC）板材，长≥100mm，宽≥50mm，厚≥6mm。

（2）仪器设备　快速热传导测定仪 QT-D2（日本 SDK），见图 3-22。热导率范围 0.02～10J/(m·s·K)，温度范围 −10～200℃，测量时间约 60s。

4. 实验步骤

① 对照仪器面板图（图 3-22），认清热导率显示 1、温度显示 2、零点表头 3、加热选择 HEATER4、方式选择 MODE5、调零旋钮 ZERO ADJ6、启动开关 START7、复原开关 RESET8。

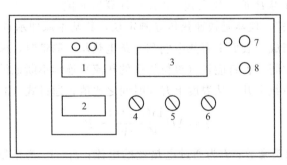

图 3-22　仪器面板图

② 接通电源，将"加热选择"由 OFF 转到 0.5 挡，开机，至少稳定 45min。

③ 将"方式选择"放在校准挡（"CAL"），用调零旋调好零点表头。

④ 按下复原开关，然后再按启动开关，大约过 60min，若"热导率显示"在 0.980～1.020 之间，则说明仪器工作正常。检验后，按一下复原开关。

⑤ 将试样的表面水分揩干、灰尘除去，平放在桌面上，使其和环境温度相同。然后，

将探头（保持清洁、干燥）放在试样之上。（注：若试样导电或潮湿，则需用专门探头！）

⑥"加热选择"和"方式选择"的选用可参照表 3-17。对于未知试样，可先以 $k=0.02\sim0.05$ 情况处理，按下启动开关进行测量。若结果超出范围（这时，热导率显示"不显示数字"），则依次改变加热选择和方式选择，重新测定。

表 3-17　不同热导率范围的加热选择和方式选择

$k/[J/(m\cdot s\cdot K)]$	加热挡	方式	$k/[J/(m\cdot s\cdot K)]$	加热挡	方式
0.02～0.05	0.5	低	0.3～2.0	4	高
0.05～0.1	1	低	≥2.0	8	高
0.1～0.3	2	低或高			

⑦ 每一次测量后（60s 左右），都必须按一下复原开关，并将方式选择放回"校准"挡。同时，探头需用铝块充分冷却。试样（如果需要再测量的话）也需冷却到环境温度。

⑧ 读数，在仪器 QTM-D2 上，数据是经微机处理［根据公式（3-19）］在面板上自动显示。因此，只要将"热导率显示"和"温度显示"上的数字记下来即可。

⑨ 重复⑦，每个试样测量三次，最后取平均值。试样的正面和反面要分别测定。

⑩ 实验完毕后，先将方式选择放回"校准"挡，加热选择放在"OFF"挡，方可关闭电源。

5. 思考题

① 塑料与金属材料相比，其热导率有何差别，为什么有此差别？

② 塑料的热导率较低，这在生产实践和生活中有何应用？

实验十七　线膨胀系数测定

1. 实验目的要求

① 了解塑料线膨胀系数测定的基本原理；

② 掌握塑料线膨胀系数测定方法。

2. 实验原理

根据物质热胀冷缩的特点，在温度变化时，物质会发生长度和体积的变化。所谓线膨胀系数是指温度升高一度时，每毫米长的物质伸长的毫米数，也就是在一定的温度下，测定试样长度变化值，最后计算其平均线膨胀系数。本方法不适用泡沫塑料。

$$\alpha=\frac{\Delta l}{l\,\Delta t}\ (-1℃) \tag{3-22}$$

$$\Delta l=L-t$$

式中　Δl——试样在膨胀时长度变化值，mm；

　　　L——试样在室温时长度，mm；

　　　Δt——恒温水浴温度差，℃。

3. 实验试样和仪器设备

(1) 试样

① 聚氯乙烯（PVC），圆柱直径（10±0.2）mm，正方柱边长（7±0.2）mm，长 30mm、50mm 或 100mm。

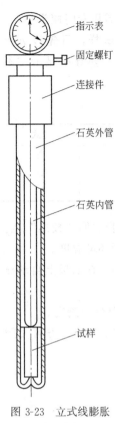

图 3-23 立式线膨胀
系数测定仪器

② 试样应无弯曲，裂纹，两端平整并平行。

③ 每组试样三个。

（2）仪器设备

① 线膨胀系数测定仪，如图 3-23。

② 千分表，控温仪，玻璃恒温水浴，搅拌马达，游标卡尺，1/10 标准温度计（0~100℃）。

4. 实验步骤

① 在室温下测量试样长度；

② 将试样装入膨胀计，使试样和石英内管处于同一轴线上；

③ 将装好试样的膨胀计垂直放入恒温槽中（恒温水浴温度由室温每隔 10℃ 逐渐升温，直至 60℃，温度误差±0.5℃），用万能夹夹紧；

④ 将千分表装在膨胀计的顶端，调整好零点；

⑤ 开启电源，同时开动搅拌马达，不要加热，让装有试样的膨胀计在室温下保持 10~20mm，使试样适应水温，以此点为零点（起始点）；

⑥ 由室温开始，逐渐升温，每 10℃ 为一级，每一级恒温 40min，仔细观察千分表指针的变化，待指针稳定后，记录其数值；

⑦ 测温完毕后，关闭电源，卸下千分表，取出膨胀计，倒出试样，将膨胀计放入盒中。

5. 思考题

线膨胀系数随温度的变化是如何影响塑料制品的生产过程和使用性能的？

实验十八　维卡软化点测定

1. 实验目的要求

① 掌握维卡软化点温度测试仪的使用方法；

② 掌握塑料维卡软化温度的测试方法。

2. 实验原理

维卡软化温度是指一个试样被置于液体传热介质中，在一定负荷的情况下，一定的升温速度下，被压针压入 1mm 深度的温度。

3. 实验原材料和仪器设备

（1）原材料　高密度聚乙烯（HDPE），试样三个。

（2）仪器设备　维卡软化点测试仪，主要由浴槽和自动控温系统两大部分组成。其基本结构如图 3-24 所示。

① 传热液体　一般常用硅油、变压器油、液体石蜡、乙二醇等对试样无影响的、室温黏度较低的液体传热介质。

② 试样支架　支架是由支撑架、负荷、指示器、压针等组成。

③ 压针　常用的针有两种，一种是直径为 $1^{+0.05}_{-0.02}$ mm 的没有毛边的圆形平头针，另一种为正方形平头针。

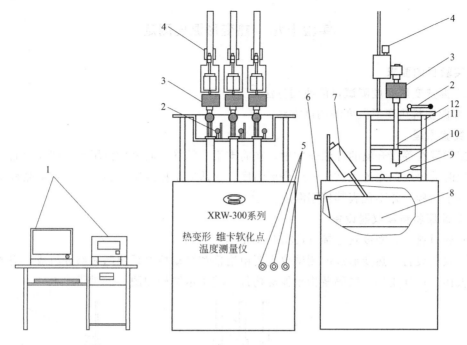

图 3-24　软化点（维卡）测定实验装置图

1—计算机和打印机；2—负载升降操作杆；3—砝码；4—指示器；5—支架升降开关；6—搅拌器开关；

7—搅拌器；8—加热浴槽；9—试样；10—压针头；11—压杆；12—支架

④ 砝码　常用的砝码有两种，1kg 和 5kg，即相应负荷分别为 9.81N 和 49.05N。试样所受负荷总的质量为砝码质量、压针及负载杆的质量以及变形装置附加力。

⑤ 浴槽　为盛液体传热介质的浴槽，具有搅拌器、加热器。加热器应能按（5±0.5）℃/6min 和（12±1.0）℃/6min 两种速度等速升温。

⑥ 加热器　一个 1000W 功率的电炉丝直接加热传热液体。

4. 实验步骤

① 选试样：一般试样的厚度必须大于 3mm，面积必须大于 10mm×10mm。并要求试样表面平整，没有裂纹，没有气泡。

② 打开电源，开启计算机，按下升降开关，将试样支架从浴槽内提出固定在浴槽上面。

③ 安放试样：在室温下，试样放在针下近似中心的位置，使针近似地靠近试样表面（没有加载）并固定好。开启升降装置，使试样支架浸入保温浴槽内，试样应位于液面 35mm 以下。

④ 双击计算机桌面维卡软化点测定应用软件，输入实验升温速度（升温速度为 50℃/h）和压针压下的距离（1mm）等参数。

⑤ 调整指示器：调整位移于零。

⑥ 开始实验，同时开启搅拌器，保持槽内温度恒定。当试样被压针压入 1mm 时的温度，此温度即为试样的维卡软化点。

⑦ 若同组三个试样测定的温差大于 2℃时，必须重做实验。

5. 思考题

升温速度过快或过慢对试样结果有何影响，为什么？

实验十九 热变形温度测定

1. 实验目的要求

① 掌握热变形温度测试仪的使用方法；

② 掌握塑料热变形温度的测试方法。

2. 实验原理

将试样浸在等速升温的硅油介质中，在简支梁式的静弯曲负荷作用下，试样弯曲变形达到规定值时的温度称之为该试样的热变形温度。它适应于控制质量和作为鉴定新品种塑料热性能的一个指标，并不代表其使用温度。

3. 实验原材料和仪器设备

（1）原材料 高密度聚乙烯（HDPE），试样三个。

（2）仪器设备 热变形温度测试仪主要由浴槽和自动控温系统两大部分组成。浴槽内装有导热液体、试样支架、砝码及指示器等构件，其基本结构如图 3-25 所示。

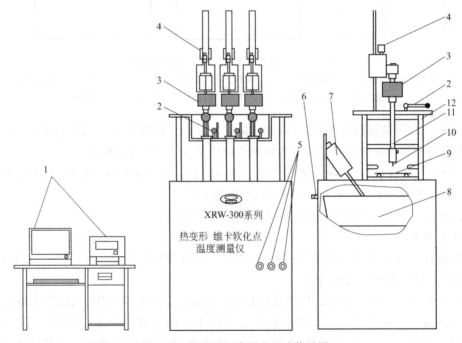

图 3-25 热变形温度测定实验装置图

1—计算机和打印机；2—负载升降操作杆；3—砝码；4—指示器；5—支架升降开关；6—搅拌器开关；
7—搅拌器；8—加热浴槽；9—试样；10—压针头；11—压杆；12—支架

① 试样支架 用金属制成。两个支座的中心间的距离为 100mm，在两个支座的中点，能对试样施加垂直的负荷。支座及负荷杆压头应互相平行，压头和支架与试样接触的部分是 3°的圆角。

② 保温浴槽 盛放温度范围合适和对试样无影响的液体传热介质，具有搅拌器、加热器。

③ 砝码 一组大小合适的砝码，使试样受载后最大弯曲正应力为 1.85MPa 或 0.46MPa。负载杆、压头的质量及变形测量装置的附加力应作为负载中的一部分计入总负载中。应加砝

码质量由下式计算：

$$M = \frac{2\sigma b h^2}{29.4l} - R - \frac{T}{9.8}$$ (3-23)

式中　M——砝码质量，kg；

　　　σ——试样最大弯曲正应力，MPa；

　　　b——试样宽度，mm；

　　　h——试样厚度，mm；

　　　l——两支座中心距，mm；

　　　R——负载杆及压头质量，kg；

　　　T——变形测量装置附加力，N。

试样表面应平整光滑、无气泡等缺陷。模塑试样的尺寸为 120mm×10mm×15mm，其中点挠度变形为 0.21mm。板材试样如厚度超过 15mm，需加工至 15mm；如厚度小于 15mm，则规定挠度变形量大于 0.21mm，具体要求见表 3-18。

表 3-18　试样厚度变化时相应的变形量　　　　　单位：mm

试样厚度	相应变形量	试样厚度	相应变形量
9.8~9.9	0.33	12.4~12.7	0.26
10.0~10.3	0.32	12.8~13.2	0.25
10.4~10.6	0.31	13.3~13.7	0.24
10.7~10.9	0.30	13.8~14.1	0.23
11.0~11.4	0.29	14.2~14.6	0.22
11.5~11.9	0.28	14.7~15.0	0.21
12.0~12.3	0.27		

4. 实验步骤

① 根据试样尺寸，计算应加砝码质量，把三个试样分别对称放在试样支座上。

② 打开电源，开启计算机，按下升降开关，将试样支架从浴槽内提出固定在浴槽上面。

③ 安放试样：在室温下，试样放在针下近似中心的位置，使针近似地靠近试样表面（没有加载）并固定好。开启升降装置，使试样支架浸入保温浴槽内，试样应位于液面 35mm 以下。

④ 双击计算机桌面维卡软化点测定应用软件，输入实验升温速度 [(12±1)℃/6min] 和压针压下的距离（0.21mm）等参数。

⑤ 调整指示器：调整位移于零。

⑥ 开始实验，同时开启搅拌器，保持槽内温度恒定。当试样被压针压入 0.21mm 时，停止实验。

⑦ 通过温度-形变曲线，读出三个热变形温度，取三个试样的平均值得试样的热变形温度。

5. 思考题

影响热变形温度测试结果的因素有哪些？

第三节　电　性　能

高聚物的电性能是指聚合物在外加电压或电场作用下的行为及其表现出的各种物理现

象，包括在交变电场中的介电性质，在弱电场中的导电性质，在强电场中的击穿现象以及发生在聚合物表面的静电现象。

当前在电工应用中，高分子材料主要作电绝缘材料和电介质。它表现出非常宽广的电学性能指标：耐压可高达 1MV 以上，电阻率可达 $10^{20}\,\Omega\cdot m$；温度范围由 $-269\sim300℃$ 甚至更宽；介电常数介于 $2\sim100$ 范围或者在此范围之外。此外，它还有优越的高频性能。

对高聚物的电学性质进行测试具有重要的实际意义。一方面，工程技术应用上需要选择及合成合适的高聚物材料：制造电容器应选用介电损耗小而介电常数尽可能大的材料；绝缘要求选用介电损耗小而电阻系数高的材料；电子工业需要优良高频和超高频绝缘材料；纺织工业需要使材料有一定导电性能，避免电荷积聚而给加工使用造成困难。另一方面，高聚物的电学性能往往非常灵敏地反映了材料内部结构的变化，因而是研究高聚物结构分子运动的一种有力手段。

实验二十　击穿电压、击穿强度和耐电压测定

1. 实验目的要求

① 了解测定聚合物击穿电压、击穿强度和耐电压的基本原理；

② 掌握聚合物击穿电压、击穿强度和耐电压的测定方法。

2. 实验原理

本方法是用连续均匀升压或逐级升压的方法，对试样施加交流电压，直至击穿，测出击穿电压值，计算试样的介电强度。用迅速升压的方法，将电压升到规定值，保持一定时间试样不击穿，记录电压值和时间，即为此试样的耐电压值。

本方法适应于固体电工绝缘材料如绝缘漆、树脂和胶、浸渍纤维制品、层压制品、云母及其制品、塑料、薄膜复合制品、陶瓷和玻璃等在工频电压下击穿电压、介电强度和耐电压的测试。对有些绝缘材料如橡胶制品、薄膜等的上述性能实验，可按有关标准或参考本标准进行。

3. 实验原材料和仪器设备

（1）原材料　高密度聚乙烯（HDPE），试样三个，尺寸为：直径 120mm，厚度 4mm。试样表面应平整、均匀、无裂纹、气泡和机械杂质等缺陷。

（2）仪器设备

① 厚度测量仪　用厚度测量仪在试样测量面积下沿直径测量不小于 3 点，取其算术平均值作为试样厚度，测量厚度误差为 $\pm0.01mm$；

② 电极　常用的电极材料见表 3-19。电极尺寸板状试样的上下电极如图 3-26 所示，管状试样电极如图 3-27 所示、电极尺寸见表 3-20。

表 3-19　电极材料

电极材料	技术要求	适应范围
黄铜及不锈钢	工作面（▽7）级以上	板状、带状试样用电极；沿层实验用电极；以及直径较小的管状试样的内电极
退火铝箔	厚度不超过 0.01mm，用极少量的精炼凡士林、电容器油、硅油或其他合适的材料贴到试样上	管、棒状实验的内外电极

续表

电极材料	技 术 要 求	适 应 范 围
弹性金属片	有一定弹性的且导电性良好的铜片、钢片或银片	直径较大的管状试样的内电极
导电粉末	银粉、未氧化的铜粉或石墨粉	直径较小的管状试样的内电极
烧银	银膏应当保证所得的导电层与试样牢固地结合，没有气泡、鳞皮、裂纹等缺陷	能耐受高温的实验玻璃、陶瓷类材料的电极

表 3-20　电极尺寸

试样	电极尺寸/mm
板状试样	$D=25\pm0.1; H=25\pm0.1; r=2.5$
管状试样	$L_1=25; L_2=50$

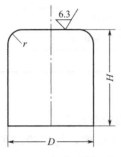

图 3-26　板状试样电极

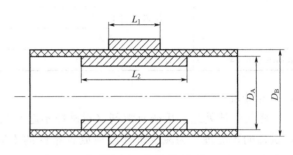

图 3-27　管状试样电极

③ 实验设备基本电路如图 3-28 所示。

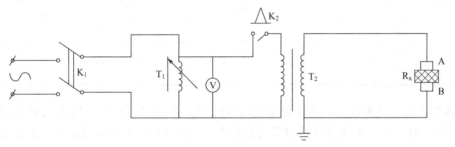

图 3-28　实验设备基本电路

K_1—电源开关；T_1—调节变压器；V—电压表；K_2—过电流继电器；

T_2—实验变压器；A、B 和 R_x—电极和试样

④ 线路基本要求

a. 过电流继电器应有足够的灵敏感，保证试样击穿时在 0.1s 内切断电源、动作电流，应使高压实验变压器的次级电流小于其额定值。

b. 电源的电压应为波形失真率不大于 5% 的正弦波。

c. 高压变压器的容量必须保证其次级额定电流为 0.03～0.1A。

d. 调节器能均匀地调节电压，其容量与实验变压器的容量相同。

e. 电压测量仪：在高压侧用精度不低于 1.5 级的静电计、球隙或通过精度不低于 0.5 级的电压互感器来测量。在低压侧用精度不低于 0.5 级伏特表测量，其测量衰差不应超过 ±4%。

4. 实验步骤

① 试样的选择　试样的形状和尺寸见表 3-21。

表 3-21　试样的形状和尺寸

项　目	试样形状	尺寸/mm	适用范围
一般实验	板状	方形：边长≥100	包括箔片、漆片、漆布、板材及型材试样
	型材	圆形：直径≥100	
	管状	长 100～300	
	带状	长≥150　宽≥5	
沿层实验	板状	长 100　宽 25	板对板电极
		长 60　宽 30	针销对板电极及锥销电极
	管棒状	高 25±0.2 弧长≤100 的一段环	
		长 100	锥销电极
		高 30	针销对板电极
表面耐电压实验	管棒状	长 150±5	

② 试样处理

a. 试样的清洁处理　用蘸有溶剂（对试样不起腐蚀作用）的绸布擦洗。

b. 试样的预处理　为减少试样以往放置条件的不同而产生的影响，使实验结果有较好的重复性和可比性，预处理条件可按表 3-22 选取。

表 3-22　预处理条件

温度/℃	相对湿度/%	时间/h
20±5	655	≥24
70±2	<40	4
105	<40	1

c. 条件处理　指实验前，试样在规定的温度下，在一定相对湿度的大气中或完全浸于水（或其他液体）中，放置规定的时间后进行实验，以考核材料性能受温度、湿度等各种因素影响的程度。处理条件和方法按产品标准规定。

d. 试样的正常化处理　在一般情况下，经过加热预处理或高温处理后的试样，应在温度为（20±5）℃和相对湿度（65±5）%的条件下放置不少于 16h，方能进行常态实验。

③ 实验媒质

a. 液体媒质　常态实验及 90℃以下的热态实验采用清洁的变压器油，90℃至 300℃以内的热态实验采用清洁的过热气缸油。

b. 气体媒质　采用空气，如有飞弧可在电极周围加用柔软硅橡胶之类的防飞弧圈。防飞弧圈与电极之间有 1mm 左右的环状间隙，其环宽 30mm 左右。

④ 实验环境

a. 常态实验环境温度为（20±5）℃，相对湿度为（65±5）%；

b. 热态实验或潮湿环境实验条件由产品标准予以规定。

⑤ 击穿强度测定

a. 连续均匀升压法　采用连续均匀升压，升压速度见表3-23。

表 3-23　连续升压速度

试样击穿电压/kV	升压速度/(kV/s)	试样击穿电压/kV	升压速度/(kV/s)
<1.0	0.1	5.1~20	1.0
1.0~5.0	0.5	>20	2.0

b. 1min 逐级升压法　按下列方式升压，第一级加电压值为标准规定击穿电压的 50%，保持 1min，以后每级升压后保持 1min，直至击穿，级间升压时间不超过 10s，升压时间应计在 1min 内，每级电压值采用表 3-24 规定。如果击穿发生在升压过程中，则以击穿前开始升压的那一级电压作为击穿值，如果击穿发生在保持不变的电压级上，则以该级电压作为击穿电压。

表 3-24　逐级升压法每级电压值

击穿电压值/kV	5 以下	5~25	26~50	51~100	>100
每级升压电压值/kV	0.5	1	2	5	10

⑥ 耐电压实验

在试样上连续均匀升压到一定的实验电压后保持一定时间，试样若不击穿则规定此电压为耐电压值。实验电压和时间由产品标准规定。

5. 实验结果和数据处理

① 击穿的判断：试样沿施加电压方向及位置有贯穿小孔、开裂、烧焦等痕迹为击穿，如痕迹不清可用重复施加实验电压来判断。

② 击穿电压单位为 kV，以各次实验的算术平均值作为实验结果，取三位有效数字。

③ 击穿强度（E_b）按下式计算：

$$E_b = \frac{U_b}{d} \tag{3-24}$$

式中　E_b——击穿强度，kV/mm；

　　　U_b——击穿电压，kV；

　　　d——试样厚度，mm。

6. 思考题

用不同的试样制备方法所得试样的测试结果有何不同？为什么？

实验二十一　介电常数、介电损耗角正切测定

1. 实验目的要求

① 了解不同高分子材料的介电常数和介电损耗特点；

② 初步掌握优值计（Q 表）的使用。

2. 实验原理

介电常数 ε，表征电介质贮存电能的能力大小，是介电材料的一个十分重要的性能指标。电介质在交变电场中，由于消耗一部分电能，使介质本身发热，就称为介电损耗，常用介质损耗角正切 tanδ 来衡量，它是指每周期内介质的损耗能量与贮存能量的比值。

测定介电常数和介电损耗的仪器常用优值计（Q 表）。优值计由高频信号发生器、LC 谐振回路、电压表和稳压电源组成，其原理如图 3-29 所示。

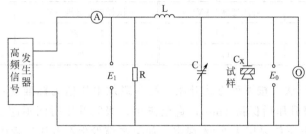

图 3-29　优值计原理图

当回路谐振时，谐振电压 E_0 比外加电压 E_1 高 Q 倍。本仪器将 E_1 调节在一定的数值，因此，可以从测量 E_0 的电压上直接读出 Q 值。Q 又称为品质因素。

不加试样时，回路的能量损耗小，Q 值很高；加了试样后，Q 值降低。分别测定不加与加试样的 Q 值（以 Q_1、Q_2 表示）以及相应的谐振电容 C_1、C_2，则介电常数和介电损耗的计算公式如下：

$$\varepsilon = 14.4 \times \frac{h(C_1 - C_2)}{D^2} \tag{3-25}$$

式中　h——试样厚度，cm；

D——电极直径，cm。

$$\tan\delta = \frac{Q_1 - Q_2}{Q_1 Q_2} \times \frac{C_1}{C_1 - C_2} \tag{3-26}$$

3. 实验试样和仪器

（1）试样　聚丙烯（PP），圆片直径 ϕ50mm、ϕ100mm，厚度 1～2mm，每组不少于 3 个。

（2）仪器　优值计，型号 AS2851，上海无线电仪器厂。

4. 实验步骤

① 选择适当电感量的线圈接在 L 接线柱上（图 3-30），本实验选用标准电感 LK-9（$L = 100\mu m$，$C_0 = 6pF$）；

② 接通电源，按上定位键（弹出电源键），让仪器预热 30min，视情况机械调零；

③ 波段旋钮置于 3，频率盘置于 1MHz；

④ 调节可变电容 C 盘，使之远离谐振点（可放在 100pF 或者 500pF）；

⑤ 调节定位旋钮，使指针校准到 Q 表头上的红线位置；

⑥ 按下 Q300 键，调节 Q 零位旋钮，使指针校准到零位；

⑦ 重复步骤④、⑤，直到调好为止；

⑧ 不连接试样，按下 Q300 键，ΔC 盘置于 0，转动 C 盘，使 Q 值最大，得 Q_1、C_1；

⑨ 回到定位状态，连接上试样，同步骤⑧测试，得 Q_2、C_2；

⑩ 按下定位键，取出（更换）试样；

⑪ 结束时，按下电源键关闭仪器，拔掉电插头。

5. 思考题

高聚物材料极性对 $\tan\delta$ 及 ε 有何影响？

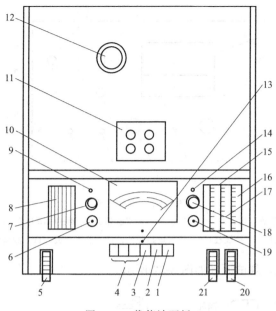

图 3-30　优值计面板

1—电源开关按钮，按下时电源关；2—定位检查按钮，按下时表头作 ΔQ 定位表用；3—ΔQ 指示按钮，按下时表头作 ΔQ 表用；4—Q 值范围按钮（分 100，300，600 三挡按钮）；5—频率转盘，调节可变电容器、控制讯号源的频率；6—Q 零位调电位器旋钮；7—Q 合格预置值调节旋钮；8—频率刻度盘（共分七挡）；9—合格指示灯；10—表头，指示 Q 值、ΔQ 值还指示定位；11—测试回路接线柱；12—波段开关，控制振荡器的频率范围（分七个频段）；13—表头机械零点调节；14—定位点校准定位器；15—主测试回路电容刻度盘；16—微调电容 ΔC 刻度盘；17—电感 L 的刻度；18—ΔQ 零位粗调电位器旋钮；19—ΔQ 零位细调电位器旋钮；20—ΔC 转盘，转动时改变 ΔC 值；21—主电容 C 转盘，转动时改变 C 值

实验二十二　体积电阻系数和表面电阻系数测定

1. 实验目的要求

① 掌握测量体积电阻系数和表面电阻系数的测量原理；

② 掌握高聚物体积电阻系数和表面电阻系数的测定方法。

2. 实验原理

一般高聚物的分子是由原子通过共价键连接而成，没有电子和可移动的离子，作为理想的电绝缘材料，在恒定的外电压作用下，不应有电流通过。但实际获得的高聚物绝缘材料，总是有微弱的导电性，这种导电性主要是由杂质引起的。

在工程上，用绝缘电阻表征高聚物的导电性，为了方便准确，引用了"电阻系数"单位体积电介质的体积电阻值，称作体积电阻系数 ρ_v。指平行材料中电流方向的电位梯度与电流密度之比。单位表面积电介质的表面电阻值，称作表面电阻系数 ρ_s。指平行于材料表面上电流方向上的电位梯度与表面单位宽度上的电流之比。

3. 实验试样和仪器

（1）试样　高密度聚乙烯（HDPE），圆盘形 $\phi 50mm$、$\phi 100mm$；正方形，边长 $50mm$，$100mm$。厚度 $2mm$。

（2）仪器　CGZ-17B 高阻测试仪，其外盘外观如图 3-31 所示。

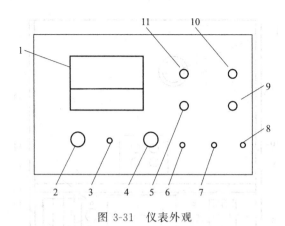

图 3-31 仪表外观

1—表盘；2—预热旋钮；3—极性开关；4—调零旋钮；5—测试电压开关；6—R_x 接线柱；
7—插座；8—I_x 接线柱；9—输入短路开关；10—倍率开关；11—测试电压开关

仪器由三部分组成，测试原理如图 3-32 所示。

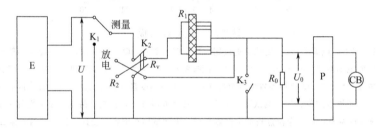

图 3-32 高阻仪测试原理

E—直流高压测试电源；K_1—充放电开关；K_2—测定 R_2 和 R_v 的转换开关；K_3—短路开关；
R_0—标准电阻；U_0—R_0 上电降；U—测试电压；P—试样；CB—指示仪表

① 电阻测试电源稳压器 供给测量电阻时用的稳定电压分 10V、100V、250V、500V、1000V 共五挡；

② 多量程微电流放大器 由微电流放大器及主放大线路组成，具有 100% 负反馈，电流灵敏度从 $10^{-6} \sim 10^{-14}$ A，在无反馈情况下的电压放大系数 K 约为 100 倍；

③ 指示仪表以 5SC4 型 100μA 安培表，其刻度已改为直读的欧姆及安培数。

4. 实验步骤

① 接通电源，开机预热 15min，若用最高倍挡时，应预热 1min；

② 调整"调零"旋钮 4 使电表指针指在"0"点；

③ 将被测对象接在"R"接线柱 6 和插座端 7，被测体的电源屏蔽接在仪器的接地线柱 8 上，被测对象的高阻端应接在插座的电极上；

④ 将电表"＋""－"极性开关 3 放在"＋"的一边；

⑤ 将测试电压选择开关 11 置于所需的测试电压位置上；

⑥ 将"倍率选择"旋钮开关 10 置于所需位置（在不了解测试值的数量的情况下，倍率应从最低次方开始选择）；

⑦ 将"放电测试"开关 5 放到"测试"位置，打开输入短路开关 9 读之欧姆数乘以倍率再乘以测试电压所指系数即为测得值；

⑧ 测试完毕，切断电源，去除各种连接线。

5. 数据处理

① 体积电阻系数 ρ_v 测定记录及计算。实验记录填入表 3-25。

表 3-25　实验数据记录

试样号	电极面积/mm²	板厚度/mm	测试电压/V	倍率	充电时间/s	R_v/Ω	ρ_v/Ω·cm

计算公式：

$$\rho_v = R_v \frac{S}{d} \tag{3-27}$$

式中　ρ_v——体积电阻系数，Ω·cm；

　　　R_v——体积电阻，Ω；

　　　d——试样厚度，cm；

　$S = \pi r^2$——测量电极面积，本仪器为 19.3cm²。

② 表面电阻系数 ρ_s 测定记录及计算。实验记录填入表 3-26。

表 3-26　实验数据记录

试样号	电极/mm		测试电压/V	倍率	充电时间/s	R_s/Ω	ρ_s/Ω
	D_1	D_2					

计算公式：

$$\rho_s = R_s \frac{2\pi}{\ln \dfrac{D_2}{D_1}} \tag{3-28}$$

式中　ρ_s——表面电阻系数，Ω；

　　　R_s——表面电阻，Ω；

　　　D_1——测量电极直径，cm；

　　　D_2——保护电极的内径，cm。

本仪器 $\dfrac{2\pi}{\ln \dfrac{D_2}{D_1}}$ 为一定值，其值为 80。

6. 思考题

① 电极材料、尺寸和安装对测试结果有什么影响？

② 测量电阻的选择对测量结果有什么影响？

第四节　燃烧性能

一些高分子材料如聚乙烯、聚丙烯、聚甲基丙烯酸甲酯（有机玻璃）和聚苯乙烯等是极易燃烧的。当它们接触火焰即燃烧，离开火源后也不会自熄而继续燃烧下去。纯粹的聚氯乙烯是不能燃烧的，但因其许多制品中所含增塑剂大都是可燃的，所以聚氯乙烯塑料的可燃性随可燃性增塑剂含量增大而增大。

任何一种物质的燃烧，其过程是非常复杂的。高聚物的可燃性一方面与构成它们的元素有关，另一方面与它们分子内部的结构能量（如凝聚能、氢键能、燃烧能、离解能等）有密切的关系。因此不同塑料的燃烧难易、自熄性、燃烧性状是不一样的。通常，衡量高聚物燃烧难易的尺度是其燃烧的"极限氧（气）指数"，常称"氧指数"。

实验二十三　氧指数测定

1. 实验目的要求

① 熟悉氧指数仪的组成、构造；

② 掌握氧指数仪的工作原理及使用方法；

③ 测定塑料燃烧性，并计算氧指数。

2. 实验原理

氧指数是指在规定的试验条件下，刚好能维持材料燃烧的通入的（23±2）℃氧氮混合气中以体积百分数表示的最低氧浓度。

氧指数试验装置见图 3-33。主要组成部分有燃烧筒、试样夹、流量测量和控制系统，配有气源、点火器、排烟系统、计时装置等。

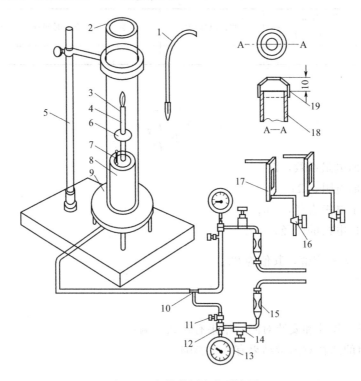

图 3-33　氧指数测定仪示意图

1—点火器；2—玻璃燃烧筒；3—燃烧着的试样；4—试样夹；5—燃烧筒支架；6—金属网；7—测温装置；
8—装有玻璃珠的支座；9—基座架；10—气体预混合结点；11—截止阀；12—接头；13—压力表；
14—精密压力控制器；15—过滤器；16—针阀；17—气体流量计；18—玻璃燃烧筒；19—限流盖

（1）燃烧筒　燃烧筒是内径为 70~80mm，高 450mm 的耐热玻璃管。筒的下部用直径 3~5mm 的玻璃珠填充，填充高度 100mm。在玻璃珠上方有一金属网，以遮挡塑料燃烧时的滴落物。

（2）试样夹 在燃烧筒轴心位置上垂直地夹具试样的构件。

（3）流量测量和控制系统 由压力表、稳压阀、调节阀、管路和转子流量计等组成。计算后的氧、氮气体经混合气室混合后由燃烧筒底部的进气口进入燃烧筒。

（4）点火器 由装有丁烷的小容器瓶、气阀和内径为1mm的金属导管喷嘴组成，当喷嘴处气体点着时其火焰高度为6～25mm，金属导管能从燃烧筒上方伸入筒内，以点燃试样。点燃燃烧筒内的试样可采用顶点燃法，也可采用扩散点燃法。

① 顶点点燃法 使火焰的最低点可见部分接触试样顶端并覆盖整个顶表面，勿使火焰碰到试样的棱边和侧表面。在确认试样顶端全部着火后，立即移动点火器，开始计时或观察试样燃烧的长度。点燃试样时，火焰作用时间最长为30s，若在30s内不能点燃，则应增大氧浓度，继续点燃，直至30s内点燃为止。

② 扩散点燃法 充分降低和移动点火器，使火焰可见部分施加于试样顶表面，同时施加于垂直侧表面约6mm长。点燃试样时，火焰作用时间最长为30s，每隔5s左右稍移开点火器观察试样，直至垂直侧表面稳定燃烧或可见燃烧部分的前锋到达上标线处，立即移动点火器，开始计时或观察试样燃烧长度。若30s内不能点燃试样，则增大氧浓度，再次点燃，直至30s内点燃为止。

扩散点燃法也适用于Ⅰ、Ⅱ、Ⅲ、Ⅳ型试样，标线应划在距点燃端10mm和60mm处。

注：① 点燃试样是指试样有焰燃烧，不同点燃方法的试验结果不可比。

② 燃烧部分包括任何沿试样表面淌下的燃烧滴落物。

氧指数法测定塑料燃烧行为的评价准则见表3-27。

表 3-27 燃烧行为的评价准则

试样型式	点燃方式	评价准则（两者取一）	
		燃烧时间/s	燃烧长度
Ⅰ、Ⅱ、Ⅲ、Ⅳ	顶端点燃法	180	燃烧前锋超过上标线
Ⅰ、Ⅱ、Ⅲ、Ⅳ	扩散点燃法	180	燃烧前锋超过下标线
Ⅴ	扩散点燃法	180	燃烧前锋超过下标线

3. 实验试样和仪器

（1）试样 试样类型和尺寸见表3-28。

表 3-28 试样类型和尺寸

型式	长/mm		宽/mm		厚/mm		用 途
	基本尺寸	极限偏差	基本尺寸	极限偏差	基本尺寸	极限偏差	
Ⅰ	80～150		10	±0.5	4	±0.25	用于模塑材料
Ⅱ					10	±0.5	用于泡沫材料
Ⅲ					<10.5		用于原厚的片材
Ⅳ	70～150		6.5		3	±0.25	用于电器用模塑材料
Ⅴ	140	−5	52		≤10.5		用于软片和薄膜等

注：1. 不同型式、不同厚度的试样，测试结果不可比。

2. 由于该项试验需反复预测气体的比例和流速，预测燃烧时间和燃烧长度，影响测试结果的因素比较多，因此每组试样必须准备多个（10个以上），并且尺寸规格要统一，内在质量密实度、均匀度特别要一致。

3. 试样表面清洁，无影响燃烧行为的缺陷，如应平整光滑，无气泡、飞边、毛刺等。

4. 对Ⅰ、Ⅱ、Ⅲ、Ⅳ型试样，标线划在距点燃端50mm处，对Ⅴ型试样，标线划在框架上或划在距点燃端20mm和100mm处（图3-34）。

（2）仪器　HC-2 型氧指数仪。如图 3-34 所示。

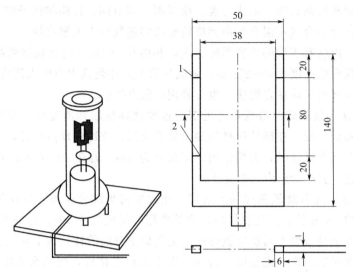

图 3-34　支撑非支撑试样的框架结构

1—上参照标记；2—下参照标记

4. 实验步骤

① 在试样的宽面上距点火端 50mm 处划一标线。

② 取下燃烧筒的玻璃管，将试样垂直地装在试样夹上，装上玻璃管，要求试样的上端至筒顶的距离不少于 100mm，如果不符合这一尺寸，应调节试样的长度，玻璃管的高度是定值。

③ 根据经验或试样在空气中点燃的情况，估计开始时的氧浓度值。对于在空气中迅速燃烧的试样，氧指数可估计为 18% 以上；对于在空气不着火的，估计氧指数在 25% 以上。

④ 打开氧气瓶和氮气瓶，气体通过减压阀减压达到仪器的允许压力范围。

⑤ 分别调节氧气和氮气的流量阀，使流入燃烧筒内的氧、氮混合气体达到预计的氧浓度，并保证燃烧筒中的气体的流速为 (4 ± 1)cm/s。

⑥ 让调节的气流流动 30s，以清洗燃烧筒。然后用点火器点燃试样的顶部，在确认试样顶部着火后，移动点火器，立即开始计时，并观察试样的燃烧情况。

⑦ 若试样（50mm 长）燃烧时间超过 3min 或火焰步伐超过标线时，就降低氧浓度。若不是则增加氧浓度，如此反复，直到所得氧浓度之差小于 0.5%，即可按该时的氧浓度计算材料的氧指数。

5. 数据处理

① 按下式计算氧指数 [OI]

$$[OI] = \frac{[O_2]}{[O_2]+[N_2]} \times 100 \tag{3-29}$$

式中　$[O_2]$——氧气流量，L/min；

$[N_2]$——氮气流量，L/min。

② 以三次试验结果的算术平均值作为该材料的氧指数，有效数字保留到小数点后一位。

6. 思考题

何谓材料的氧指数？叙述其测定原理。

实验二十四 水平燃烧和垂直燃烧实验

1. 实验目的要求

① 了解高聚物水平燃烧和垂直燃烧实验的基本原理；

② 掌握高聚物水平燃烧和垂直燃烧的测试方法。

2. 实验原理

本方法是水平或垂直地夹住试样一端，对试样自由端施加规定的气体火焰，通过测量线性燃烧速度（水平法）或有焰燃烧及无焰燃烧时间（垂直法）等来评价试样的燃烧性能。

3. 实验试样和仪器

（1）试样 聚氯乙烯（PVC），试样尺寸一般为长（125±5）mm，宽（13±0.3）mm，厚（3.0±0.2）mm。

（2）仪器 实验装置为CZF-3型水平垂直燃烧测定仪，其结构和面板布置如图3-35和图3-36所示。

① 本生灯管长100mm，可倾斜0°～45°；内径9.5mm；本生灯蓝色火焰高度可调范围为20～40mm，本生灯距离不小于150mm。

② 水平试样夹具的最大夹持厚度13mm。

③ 金属筛网水平固定在试样下，属筛网的边缘与试样自由端对齐。

④ 金属支承架与试样最下边间距离10mm，用以支撑试样自由端下垂和弯曲的金属支架，支架应长出试样自由端20mm。火焰沿试样向前推进，支架以同样速度退回。

⑤ 垂直试样夹具的最大夹持厚度13mm。

⑥ 试样上端离水平铺置的医用脱脂棉层距离300mm；在试样下端300mm处水平铺置撕薄的脱脂棉层尺寸为50mm×50mm，自然厚度6mm。

⑦ 试样夹垂直最大调整距离≤130mm。

⑧ 试样夹水平最大调整距离≥70mm。

⑨ 电源为220V±10%，50Hz，功率<100W。

（3）仪器面板按键的功能和使用说明

① 第一个数码管为实验次数显示位置，以A、B、C、D、E 5个符号来分别表示5个试样。选用垂直法时，在实验或读出过程中，该数码管右下角的亮点分别表示施加火焰的次数。该点暗时表示对某个试样第一次施加火焰，此时只记录有焰燃烧时间。该点亮时，表示对某个试样第二次施加火焰，此时既要记录有焰燃烧时间，又要记录无焰燃烧时间。

② 第2、3、4个数码管组成一组时间计数器，在垂直燃烧实验时，用以显示本次实验的有焰燃烧时间（精确0.1s）。

③ 第5、6、7、8个数码管组成一组时间计数器，在垂直燃烧实验时，用以显示诸次有焰燃烧的积累时间；与无焰燃烧指示灯配合，用以显示无焰燃烧时间。在水平燃烧实验时，用以显示测量时间，在两种实验方法的施加火焰时，均采用倒计数的方式显示施焰的剩余时间（精确0.1s）。

④ 面板上各开关和按键（如图3-35所示）的意义如下：复位——强制复位键，清零——清零键，用以清除机器内部不必要的信息，以利于精确计时。该键仅在数码显示器显示

"P"的初始状态时，才起清零的作用，显示为其他状态时，该键起不到清零的作用。 不合格 ——不合格键，在垂直法燃烧实验中，在施加火焰时间内，火焰蔓延到支架夹具时，按此键判定该试样的实验结束，水平燃烧法中，此键无效。 返回 ——返回初始状态键，按此键使仪器返回到初始状态"P"。 退火 ——在垂直燃烧实验中，如果有滴落物并引燃脱脂棉时，按此键结束该试样的实验，该试样定在水平燃烧实验中，在施焰时间内，火焰前沿已燃至第一标记立即开始记录时间。 运行 ——当显示器显示出垂直或水平符号时，按此键用以确定某种实验方式。当显示点火信息时，用以启动电机，向试样施加火焰。 读出 ——当某一个试样实验结束后或某一组实验结束，按此键用以读出实验数据。 选择 ——在仪器的初始状态 P 时，按此键用以选择水平或垂直燃烧实验方法。 计时控制 ——用以控制记录时间的开始与终止。 电源 ——电源开关。 进 、 退 ——当选择手动状态时，按进或退两个键，可控制本生灯的进火和退火。

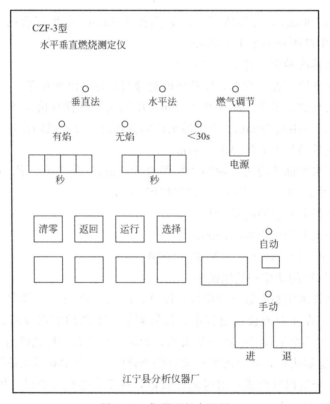

图 3-35　仪器面板布置图

⑤ 燃烧室（见图 3-36）的焰标尺高度为 20mm。

4. 实验步骤

（1）水平法

① 在距离试样一端 25mm 和 100mm 处，垂直于长轴划两条标线，在 25mm 标记的另一终端，用试样夹夹住试样，夹持的方位为：试样与纵轴平行，与横轴倾斜 45°；

② 在试样下部约 300mm 处放一个水盘；

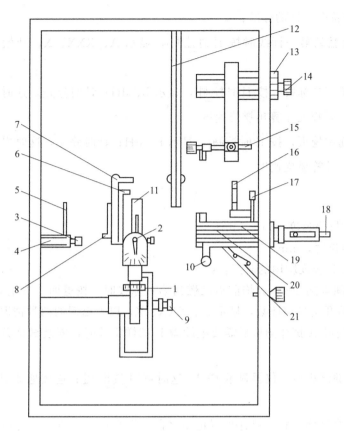

图 3-36　燃烧室介绍图

1—风量调整螺丝；2—角度标牌；3—长明灯阀体；4—长命灯火焰调节螺母；5—长命灯管；6,7—火焰标线；
8—25mm 高火焰调节手柄；9—进气调节手柄；10—小拉杆；11—本生灯管；12—纺织物试样；
13—横向调节手柄；14—纵向调节手柄；15—垂直试样夹；16—试样扳手；17—手柄；
18—支承件拉杆；19—支承件；20—金属筛网；21—水平支承架

③ 点着本生灯并调节火焰，使灯管在垂直位置时，产生 20mm 高的蓝色火焰，并将本生灯倾斜 45°；

④ 开电源→复位→返回→清零，显示初始状态 P；

⑤ 按选择：显示 "—F"？意思为用水平法吗？

⑥ 按运行显示 A、dH；水平法的指示灯亮，表示选择水平法，进行第一个试样实验，安装上试样；

⑦ 当准备工作完成后，按运行将本生灯移到试样一端，对试样施加火焰。显示 A、SYXXX、X 表示正在施焰，并以倒计数的方式显示施焰剩余的时间，在这一步骤里，可能出现以下两种情况：

a. 当施焰时间剩余 3s 时，蜂鸣器响，提醒操作者做好下一步准备。施焰时间结束，本生灯自动退回显示 A、d-b？，意思是 "火焰前沿到第一标线了吗？"，这时可能出现两种选择：

ⅰ. 火焰未燃到第一标线即熄灭，按计时控制，立即再按 2 次计时控制，显示 b、

dH，表明 A 试样符合最好的标准；

ⅱ．火焰前沿燃到第一标线时按 计时控制，显示 A、XXX、X，开始计时，下面有两种选择：

火焰前沿燃至第二标线，按 计时控制，显示 b、dH；计时停止，这时操作者应记录实际燃烧长度为 75m，以便于算出燃烧速度；

火焰在燃烧途中熄灭，按 计时控制，显示 b、dH；计时停止，这时操作者应记录实际燃烧长度，按下式计算燃烧速度：

$$V = \frac{60L}{t} \tag{3-30}$$

式中　V——线性燃烧速度，mm/min；

L——烧损长度，mm；

t——烧损 L 长度所用的时间，s。

b. 施加火时间未到 30s，火焰前沿已燃到第一标线时，按退回，本生灯退回，"<30s"灯亮，时间计数器开始自动计数，显示 A、XXX、X，以上出现的两种情况分别按①-B-a 或①-B-b 计算。当完成 A 试样测试后需要继续做 B 试样实验时，安装试样并点火，按前述⑦步骤重复操作；

⑧ 当一组实验结束后，仪器显示 End，这时可用 读出 键；连续地读出各个试样的实验参数；

⑨ 在读出各个试样实验参数并加以记录之前，严禁按清零键。在每一个试样的实验完毕后，如需读出实验数据，可依次按读出，显示第某个试样的数据，直至显示。

（2）垂直燃烧法（10s，塑料）

① 用垂直夹具夹住试样一端，将本生灯移至试样底边中部，调节试样高度，使试样下端与灯管标尺平齐。

② 点着本生灯并调节至产生（20±2）mm 高的蓝色火焰。

③ 开电源 复位 → 返回 → 清零 显示初始状态 P。

④ 按 选择，显示－F？再按 选择，显示 11F－10－？意思为用施焰时间为 10s 的垂直吗？

⑤ 按 运行，显示 AdH，垂直法的指示灯亮表示选择了垂直法。

⑥ 按 运行 将本生灯移至试样下端，对试样施加火焰，显示 A、SYXXX、X 表示正在施焰，并以倒计数的方式显示施焰的剩余时间，当施焰时间还剩 3s 时，蜂鸣器响，提醒操作者准备下一步操作。当施焰时间结束 10s 后，本生灯自动退回，"有焰燃烧"指示灯亮，显示信息为 AXX、XXXX、X，中间 2、3、4 三个数码管为第二次施焰后的有焰燃烧时间，右边 5、6、7、8 四个数码管表示诸次有焰燃烧的积累时间。

⑦ 当有焰燃烧结束后，按计时控制，显示 A、dH，按运行开始本次试样的第二次施焰，显示 A、SYXXX、X。同样，当施焰时间还剩 3s 时，蜂鸣器响，施焰时间结束，本生灯自动退回，"有焰燃烧"指示灯亮，显示信息为 A、XX、XXXX、X 中间 2、3、4 三个数码管为第二次施焰后的有焰燃烧时间，右边 5、6、7、8 四个数码管表示诸次有焰燃烧的积

累时间。

⑧ 当有焰燃烧结束，按 计时控制 ，"有焰燃烧"指示灯灭，"无焰燃烧"指示灯亮，显示信息为 A、XXX、X 表示无焰燃烧时间。

⑨ 当无焰燃烧结束，又没有无焰燃烧时，按 计时控制 ，显示 bdH，表示 A 试样实验结束。

⑩ 重复⑥到⑨各步骤，直至一组试样结束。

⑪ 在实验过程中，若有滴落物引燃脱脂棉的现象，按 退回 ，仪器显示 X、dH，该试样停止实验。

⑫ 在施焰时间内，若出现火焰蔓延至夹具的现象，按 不合格 ，此试样实验结束。

⑬ 实验后，需读出试样实验数据时，按 读出 。先显示的是与第一数码管所对应的实验次数的第一次施焰后的有焰燃烧时间；再按 读出 ，则显示第二次施焰的有焰燃烧时间；第三次按 读出 ，则显示第二次施焰的无焰燃烧时间；直至显示大 dc-End（表示实验数据全部读完）。若有蔓延到夹具的现象时，读出显示"X、bHg"，若有滴落物引燃脱脂棉现象，读出显示信息为"X92V-2"。

⑭ 结果表示在自动状态下，仪器可直接读出总的有焰燃烧时间。当采用手动时，实验结果按下式计算：

$$t_f = \sum_{i=1}^{5}(t_{1i} + t_{2i}) \tag{3-31}$$

式中　t_{1i}——第 i 根试样第一次有焰燃烧时间，s；

t_{2i}——第 i 根试样第二次有焰燃烧时间，s；

i——实验次数，$i = 1 \sim 5$。

5. 实验结果的评定与表示

（1）水平法　按点燃后的燃烧行为，材料的燃烧性能可分为下列四级（符号 FH 表示水平燃烧）：

FH-1：移开点火源后火焰即灭或燃烧前沿未达到 25mm 标线。

FH-2：移开点火源后，燃烧前沿越过 25mm 标线，但未达到 100mm 标线。在 FH-2 级中，烧损长度应写进分级标线，如 FH-2-70mm。

FH-3：移开点火源后，燃烧前沿越过 100mm 标线，对于厚度在 3～13mm 的试样，其燃烧速度不大于 40mm/min；对于厚度在小于 3mm 的试样，燃烧速度不大于 75mm/min；在 FH-3 级中，线性燃烧速度应写进分级标志，如 FH-3-30mm/min。

FH-4：除线性燃烧速度大于规定值外，其余与 FH-3 级相同，其燃烧速度也应写进分级标志。

如果被测材料的三根试样分级标志数字不完全一样，则应报告其中数字最高的类级作为该材料的分级标志。

（2）垂直法　按点燃后的燃烧行为，材料的燃烧性能分为 FV-0，FV-1，FV-2 等三级（符号 FV 表示垂直燃烧），详见表 3-29。

表 3-29 垂直法燃烧评定材料燃烧性的级别与表示

判 据	级 别			
	FV-0	FV-1	FV-2	×
每根试样的有焰燃烧时间(t_1+t_2)	≤10	≤30	≤30	>30
对于任何状态调节条件,每组五根试样有焰燃烧时间总和 t_f	≤50	≤250	≤250	>250
每根试样第二次施焰后有焰加上无焰燃烧时间(t_2+t_3)	≤30	≤60	≤60	>60
每根试样有焰或无焰燃烧蔓延到夹具现象	无	无	无	有
滴落物引燃脱脂棉现象	无	无	有	有或无

注:×表示该材料不能用垂直法分级,而应采用水平法对其燃烧性能分级。

6. 思考题

① 对于给定材料试样,如何确定选用水平燃烧还是垂直燃烧实验?

② 水平燃烧或垂直燃烧实验主要用于哪些高聚物材料制品的阻燃性能指标测定?

第五节 光 学 性 能

大多数聚合物不吸收可见光谱范围内的辐射,当其不含结晶、杂质和疵痕时都是透明的,如甲基丙烯酸甲酯(有机玻璃)、聚苯乙烯等。它们对可见光的透过程度达 92% 以上。

透光率的损失,除光的反射和吸收外,主要起因于材料内部对光的散射,而散射是由结构的不均匀性造成的。例如聚合物表面或内部的疵痕、裂纹、杂质、填料、结晶等,都使透光率降低。这种降低与光所经的路程(物体厚度)有关,厚度越大,透光率越小。

透光率和雾度是透明材料两项十分重要的指标,一般说来,透光率高的材料,雾度值低,反之亦然,但不完全如此。有些材料透光率高,雾度值却很大,如毛玻璃。所以,透光率与雾度值是两个独立的指标。

实验二十五 透光率和雾度测定

1. 实验目的要求

① 了解积分球式雾度计的基本结构和基本原理;

② 掌握测定板状、片状、薄膜状透明塑料的透光率和雾度方法。

2. 实验原理

透光率是以透过材料的光通量与入射的光通量之比的百分数表示,通常是指标准 "C" 光源一束平行光垂直照射薄膜、片状、板状透明或半透明材料,透过材料的光通量 T_2 与照射到透明材料入射光通量 T_1 之比的百分数。

$$T_t = \frac{T_2}{T_1} \times 100\% \tag{3-32}$$

雾度又称浊度,是透明或半透明材料不清晰的程度,是材料内部或表面由于光散射造成的云雾状或浑浊的外观,以散射光通量与透过材料的光通量之比的百分率表示。用标准 "C" 光源的一束平行光垂直照射到透明或半透明薄膜、片材、板材上,由于材料内部和表面造成散射,使部分平行光偏离入射方向大于 2.5° 的散射光通量 T_d 与透过材料光通量 T_2

之比的百分率，即

$$H = \frac{T_d}{T_2} \times 100\% \tag{3-33}$$

它是通过测量无试样时入射光通量 T_1 与仪器造成的散射光通量 T_3，有试样时通过试样的光通量 T_2 与散射光通量 T_4 来计算雾度值，即

$$H = \frac{T_d}{T_2} \times 100\% = \frac{T_4 - \frac{T_2}{T_1}T_3}{T_2} \times 100\% = \left(\frac{T_4}{T_2} - \frac{T_3}{T_1}\right) \times 100\% \tag{3-34}$$

测试中，T_1、T_2、T_3、T_4 都是测量相对值，无入射光时，接受光通量为 0，当无试样时，入射光全部通过，接受的光通量为 100，即为 T_1；此时再用光陷阱将平行光吸收掉，接受到的光通量为仪器的散射光通量 T_3；若放置试样，仪器接受移过的光通量为 T_2；此时若将平行光用光陷阱吸收掉，则仪器接受到的光通量为试样与仪器的散射光通量之和 T_4。因此，根据 T_1、T_2、T_3、T_4 的值可计算透光率和雾度值。

3. 实验试样和仪器

（1）试样　聚甲基丙烯酸甲酯（PMMA）、聚碳酸酯（PC）、聚苯乙烯（PS）、聚氯乙烯（PVC），板、片、膜，尺寸 50mm×50mm。每组试样 5 个。

（2）仪器　游标卡尺（精度 0.05mm），测厚仪或千分表（精度 0.001mm），积分球式雾度计；积分球式雾度计的原理结构示意图如图 3-37 所示。

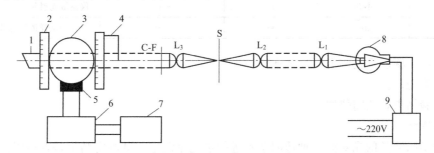

图 3-37　积分球式雾度计原理图

1—陷阱；2—标准板；3—积分球；4—试样架；5—光电池；6—控制线路；

7—检流计；8—光源；9—稳压器；L_1, L_2, L_3—透镜；C-F—滤光器

① 积分球：用于收集透过的光通量。只要出入窗口的总面积不超过积分球内反射表面积的 4%，任何直径的球均可适应。

② 出口窗和入门窗的中心在球的同一最大圆周上，两者的中心与球的中心构成的角度在 170°以上，光电池置于与入口窗中心和球心成 90°±10°的球面上。出口窗的直径与入口窗的中心构成角度在 8°以内。

③ 反射面：积分球内表面、挡板和反射标准板，应该具有基本相同的反射率。在整个可见光波长区具有高反射率和无光泽。

④ 聚光透镜：照射在试样上的光束，应基本上是单向平行光线，不能偏离光轴 3°以上。光束的中心和出口窗的中心是一致的，这个光束在出入窗不应引起光晕。在出口窗处光束的截面近似圆形，边界分明；对应入口中心构成角度与出口窗对入口中构成 1.3°±0.1°的环带。

⑤ 陷阱：无试样和标准板的时候，能够全部吸收光。

⑥ 光电池：球内光的强度用光电池测定。其输入在使用光强范围内和入射光强度成正比例，并具有 1% 以内的精度。当积分球在暗色时检流计无偏转动。

⑦ 检流计：刻度为 100 等分。

⑧ 光源：标准 C 光源。

4. 实验步骤

① 选择试样：试样应均匀，无气泡，两测量表面应平整光滑且平行，无划伤，无异物和油污。

② 开启仪器，预热至少 20min。

③ 放置标准板，调检流计为 100 刻度，挡住入射光，调检流计为 0，反复调 100 和 0 直至稳定，即 T_1 为 100。

④ 放置试样，此时透的光通量在检流计上的刻度为 T_2，去掉标准板，置上陷阱，在检流计上所测出的光通量为试样与仪器的散射光通量 T_4，再去掉试样此时检查流计所测出的光通量为仪器的散射光能量 T_3，以上测试见表 3-30。

表 3-30　测试时试样与仪器所处情况

检流计读数	试样在位置上	陷阱在位置上	标准白板在位置上	得到的量
T_1	不在	不在	在	入射光通量(100)
T_2	在	不在	在	入射光透过光通量
T_3	不在	在	不在	仪器散光射量
T_4	在	在	不在	仪器和试样散射光通透量

⑤ 按照步骤④重复测定 5 片试样。

⑥ 准确记录。

⑦ 试验结束，关闭仪器。

5. 思考题

① 用不同波长的光对同一种透明塑料进行透光率测定，其测定结果是否相同？

② 用三种标准光源 A、B、C 对同一种透明塑料进行透光率和雾度测定，其测定结果是否相同？

实验二十六　色泽测定

1. 实验目的要求

① 了解高聚物色泽测定的基本原理；

② 掌握高聚物色泽测定的方法。

2. 实验原理

颜色从暗到亮排列，即黑色最暗，灰色居中，白色最亮，这些叫中和色。颜色的外观叫做"灰度"或"亮度"。颜色还有另一种基本的差别，即红色不同于蓝色、绿色和黄色。这些差别叫做"色调"。色调的定义是判断一个物体是红色的、黄色的、绿色的、蓝色的、紫色的或上述颜色之间的中间色的颜色感觉特征。"亮度"或"色度"是表示偏离于相同亮度灰色程度的颜色感觉特征。因此，可以用灰度、色调和色度来描述整个色谱。在图 3-38 中用色调、灰度/色度图说明了这个概念。

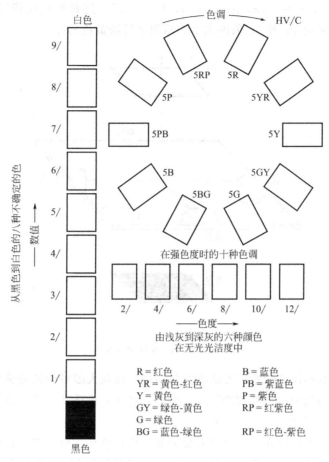

图 3-38　色调、灰度/色度图

不同色调光谱中基本差别是光的波长。因为光的波长不同，光被分散为光谱。整个光谱可在紫光（最短波长约为 380nm）到红色光（最长波长是 760nm）之间变化。

为了能看见物体，该物体应该受一个标准光源照明。光源的种类、照射角度、视野角都会影响物体的外貌。因此，在鉴定颜色时，人们必须考虑光谱的能量分布和光源的强度，因为它会影响物体的外貌。为了使光源之间的差异方法化，一个名为 CIE（Cmmission Internatione de 1′Eclairage)的国际照明委员会建立了方法光源。例如，光源 A 代表一种白炽灯；光源 B 表示中午的太阳光；C 是阴天的太阳光。鉴别颜色还必须考虑另一个因素，即颜色观察者的误差。CIE 也建立了一种方法观察仪。一个 CIE 方法观察仪是对应于正常人肉眼观察的颜色的数字说明。应用 CIE 方法源、CIE 方法观察仪和方法物可得出 CIE 光谱三（色）激励值。

从以上讨论可以清楚看出：有了 CIE 方法光源、方法物和 CIE 光谱三色激励值，人们就能容易地测定颜色。为测定颜色而研制出的这种仪器叫三色激励比色计。三色激励比色计用三种原色：红、绿、蓝来测定颜色，或用更适当的办法，由三个三色激励值来表征。人们根据亮度和色调研制了许多不同的色标，并用数字来描述颜色。受到人们高度赞扬并接受的体系之一的叫做 L、a、b 三色体系。图 3-39 示出了 L、a、b 颜色间位置。坐标 L 处于垂直方向，相当于亮度。完全白色的 L 值为 100，完全黑色的值为零。a_L 和 b_L 表示材料的灰度和色度。a_L 为正值表示红色；a_L 为负值表示绿色。例如，一辆黄色的校用公共汽车，其颜色由下述数值描述：$L=70.3$；$a_L=30.3$；$b_L=23.7$。这种颜色用普通话来说是相当亮的，因为 L 值高，而由 a_L 和 b_L 值的大小表示则是带淡黄色的红色。

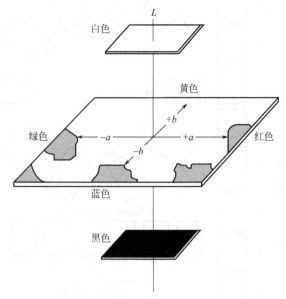

图 3-39　L、a、b 颜色间位置

因此，所述的滤色比色计是以方法观察仪的理论以及人眼对颜色的感觉为基础的。已把这种方法叫做测定颜色的"精神物理"法。但在滤光片的设计和滤光片材料始终保持原状的能力方面仍存在一些问题。

近年来，又发展了以分光光度计为基础的新一代比色计。分光光度计的比色计不是模拟人眼，而是在全部可见光谱范围内，以 16 个 20nm 间隔进行分光光度测定。将分光光度计得到的反射百分率，通过一台微处理机转化为三色激励值。这类分光光度计的另一个有用的特性就是选择不同类型的 CIE 光源。例如在不同照明条件下观察这些试样，则即使实际光源是相同的，微处理机也会计算出所见的颜色。

要对颜色进行研究，一台能提供三色激励值和计算色差的比色行是不够的。一般来说，需要一台更好的仪器如分光光度计。采用一台图形记录仪与 CRT 时，分光光度计会得出从 380nm 到 700nm 整个可见光谱范围的全光谱反射曲线。此外，它还能得出每 20nm 间隔处的反射值百分率，并计算出三色激励值、色度参数和色差值。

塑料黄色指数是指无色透明或半透明或近白色塑料偏离白色的程度。它是通过在标准 CIE 方法光源照射下，测量试样色的三激励值 x，y，z，从而计算出试样材料的黄色指数。

3. 实验试样和仪器

（1）试样　无色、白色、黄色三种低密度聚乙烯（LDPE）薄膜。

（2）仪器　对于颜色的测定，根据不同的要求，可采用两种基本类型的仪器。当使用者只对三色激励值、色度系数和色差信息感兴趣时，可以应用一台滤色比色计或一台分光光度比色计。比色计主要用作生产控制、质量检测、规格和颜色匹配的需要。

通常，对颜色配方和其他的颜色研究需要一台分光光度计，它配备一台显示屏（CRT），能显示并计算出结果。

本次实验采用分光光度计，配备一台 CRT。

4. 实验步骤

① 开启仪器电源，预热 30min，按仪器使用说明书校准和调节仪器。

② 选择所需要的 CIE 方法光源。

③ 在试样夹上装上白色薄膜试样，点亮一个光源。

④ 观察记录在可见光谱范围内，16 个 20nm 间隔处的光谱反射百分率。微处理机还能计算和显示出 CIE 实验室的颜色间隔和光谱反射曲线与波长的关系。

⑤ 将白色薄膜实验试样和标准的白色薄膜试样对着光源，并对两种重叠的光谱反射曲线进行比较，进行颜色匹配。

⑥ 重复测量 3 个试样。

⑦ 分别用无色、黄色薄膜，重复实验步骤②～⑤进行实验。

⑧ 分别计算薄膜的黄色指数。

5. 实验结果表示及数据处理

① 三色激励值　如果是反射色，则三色激励值为：

$$x = k \sum s(\lambda) p(\lambda) X(\lambda) \Delta\lambda$$
$$y = k \sum s(\lambda) p(\lambda) Y(\lambda) \Delta\lambda$$
$$z = k \sum s(\lambda) p(\lambda) Z(\lambda) \Delta\lambda$$

式中　　　　　　　$s(\lambda)$——光源相对光谱功率分布；

　　　　　　　　　$p(\lambda)$——光谱反射比；

$X(\lambda)$、$Y(\lambda)$、$Z(\lambda)$——光谱三色激励值；

　　　　　　　　　k——调节系数，为将光源的 y 值调整到 100 而得出的。

如果是透射色，则三色激励值为：

$$x = k \sum s(\lambda) p(\lambda) \tau(\lambda) X(\lambda) \Delta\lambda$$
$$y = k \sum s(\lambda) p(\lambda) \tau(\lambda) Y(\lambda) \Delta\lambda$$
$$z = k \sum s(\lambda) p(\lambda) \tau(\lambda) Z(\lambda) \Delta\lambda$$

式中　$\tau(\lambda)$——透射率。

② 黄色指数 Y

$$Y = [100 \times (1.28x - 1.06z)] / y \tag{3-35}$$

式中　x——CIE1931xyz 表色系中，红色所占的比例；

　　　z——CIE1931xyz 表色系中，蓝色所占的比例；

　　　y——CIE1931xyz 表色系中，绿色所占的比例。

6. 思考题

影响塑料色泽测定的因素有哪些？

第六节　渗透性能

液体分子或气体分子可从聚合物膜的一侧扩散到其浓度较低的一侧，这种现象称为渗透或渗析。另外，若在低浓度聚合物膜的一侧施加足够高的压力（超过渗透压）则可使液体或气体分子向高浓度一侧扩散。这种现象称为反渗透。液体或气体分子透过聚合物时，先是溶解在聚合物内，然后再向低浓度处扩散，最后从薄膜的另一侧逸出。所以聚合物的渗透性和液体及气体在其中的溶解性有关。

聚合物的结构和物理状态对渗透性影响甚大。一般而言，链的柔性增大时渗透性提高，结晶度越大，渗透性越小。因为一般气体是非极性的，当大分子链上引入极性基团，其对气体的渗透性下降。

实验二十七　透气性测定

1. 实验目的要求

① 了解气相色谱法测聚合物薄膜透气性的原理；
② 掌握测试方法，计算薄膜的透气系数。

2. 实验原理

当气体或蒸气透过聚合物膜时，先是气体溶解于固体的薄膜中，然后在薄膜中向低浓度处扩散，最后从薄膜的另一面蒸发。故聚合物的透气性一方面决定于扩散系数，另一方面决定于气体在聚合物中的溶解度。在扩散系数和浓度较低，扩散系数不依赖于浓度变化的情况下，根据扩散的菲克定律：单位时间、单位面积的气体透过量与浓度梯度成正比：

$$\frac{q}{At} = -D \times \frac{dc}{dx} \tag{3-36}$$

式中　q——气体扩散透过量，mL；

　　　D——扩散系数，mL/s；

　　　$\dfrac{dc}{dx}$——在薄膜中厚度内的浓度梯度；

　　　A——薄膜面积，cm^2；

　　　t——时间，s。

假定薄膜厚度为 1cm，p_1 为高压侧压力，p_2 为低压侧压力，相应于薄膜中气体的浓度分别为 c_1，c_2（mL/mL 固体），参见图 3-40。将式（3-36）积分，令 $J = \dfrac{q}{At}$（J 为单位面积、单位时间的气体透过量），则：

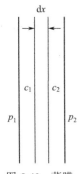

图 3-40　薄膜剖面图

$$\frac{q}{At} = -D \times \frac{dc}{dx} \tag{3-37}$$

$$J \int_0^l dx = -D \int_{c_1}^{c_2} dc \tag{3-38}$$

$$Jl = -D(c_2 - c_1) = D(c_1 - c_2) \tag{3-39}$$

$$J = \frac{D(c_1 - c_2)}{l} \tag{3-40}$$

由于薄膜中的气体浓度非常小，因此可用亨利定律来表示气体浓度与相互平衡的压力间的关系，即

$$c_1 = S_1 p_1, \quad c_2 = S_2 p_2 \tag{3-41}$$

若溶解度为常数，$S_1 = S_2 = S$，则式（3-40）变为

$$J = D \times S \frac{p_1 - p_2}{l} \tag{3-42}$$

令 $P_g = DS$，则

$$J = P_g \times \frac{p_1 - p_2}{l} \tag{3-43}$$

我们就称比例常数 P_g 为透气常数。它表示在单位时间、单位压差下，通过单位厚度、单位面积的气体量。它的单位是 mL·cm·$cm^{-2}·s^{-1}×1.33kPa^{-1}$。

测量透气系数的一般方法是：将薄膜支撑在透气池中，见图 3-41。在膜的一边加以一个恒定的气体压力，而膜的另一边保持在低压下，高压侧的气体通过薄膜向低压侧扩散，然后测定低压侧中气体压力随时间的变化，再计算出透气系数 P_g。

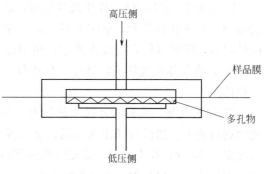

图 3-41　透气池剖面图

我们现在用的气相色谱法测定透气性与常用方法不同的是：透过薄膜的气体量直接由色谱方法来测量，然后根据薄膜的面积和透过时间计算透气系数，流程图见图 3-42。

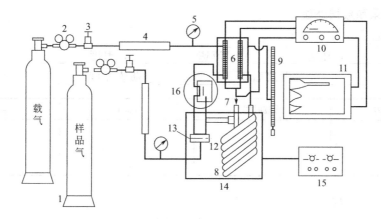

图 3-42　气相色谱法流程图

1—气体钢瓶；2—减压阀；3—精密调节器；4—净化干燥管；5—压力表；6—热导池；
7—气体进样口；8—层析柱；9—皂膜流量计；10—测量电表；11—记录仪；
12—透气池；13—样品膜；14—恒温室；15—温度调节器；16—六通阀

其基本原理与普通的气固色谱一样，固定相是表面有一定活性的吸附剂，移动相是气体。主要是使用了一个六通阀将透气体池与层析柱相连。六通阀关闭时，在气经热导池直接流过层析柱，再从热导池另一臂流出。经一定时间后，扳动六通阀，使截气流过透气池的"透气室"一侧将透过薄膜的气体带入层析柱，再进入热导池的测量管，由于载气与样品气的热导率不同，则在记录仪上就出现一个色谱峰。根据峰面积从方法曲线上查得透过气体的量，然后就能计算透气系数。

3. 实验试样和仪器设备

（1）试样　低密度聚乙烯（LDPE），薄膜或片材。

（2）仪器设备　102G 型色谱仪，马弗炉，千分尺或薄膜百度测定仪，载气钢瓶（氧气、氮气）。

4. 实验步骤

① 装柱：取 60～80 目 5A 型（或 13X 型）分子筛 2g 左右（预先在 550～600℃的马弗炉中烘 2h），装入内径为 3mm、长 1mm 的不锈钢柱内。

② 取直径为 7.5cm 的聚合物薄膜夹入透气池中，用六通阀将透气池接入气路中。

③ 方法曲线的测量：打开载气钢瓶，调节柱前压为 75kPa 左右，调节导热池桥电流为 120mA（若要使信号大，电流可再调高），控制层析室温度在 25℃。待仪器一切都正常，基线稳定后，即可进行方法曲线测定：用微量注射器从灌有渗透器的球胆中取 $10\mu L$，$20\mu L$，$30\mu L$…，将气体从气体入口处注入色谱仪。分别求出各体积下的峰面积。然后作体积对峰面积的图。

④ 测透气量：先将六通阀拉杆拉起，用载气将透气池先洗干净，待基线回到原处后，把六通阀关上。然后打开渗透气的活塞（使加在薄膜上的渗透压力为 90kPa 左右，视具体情况定），同时将秒表按下，开始计算透气时间。2min 后将六通阀拉起，这时载气就将透过薄膜的气体带入层析柱，流经热导池的测量臂，由于渗透气与载气的热导率不同，记录仪上即出现一色谱峰。计算峰面积，从方法曲线上查得气体体积，这体积即为 2min 内透过薄膜的气体量，以后每隔 2min（或每隔 3min 等，按具体情况定）进样一次。取最后几次的平均值。

5. 实验记录和数据处理

(1) 实验记录

载气_____，压力_____，流速_____，温度_____；

薄膜名称_____，薄膜面积_____，薄膜厚度_____。

渗透气压力	透过时间	峰面积	体　积

(2) 计算透气系数 P_g

$$P_g = \frac{T_0 p_大 V l}{p_标 T A t p_渗}$$

(3-44)

式中　$p_大$——大气压，1.33kPa(cmHg)；

　　　$p_标$——方法状态大气压，1.33kPa(cmHg)；

　　　T_0——0℃，273K；

　　　l——样品厚度，mm；

　　　t——时间，s；

　　　T——测量温度，K；

　　　V——透过薄膜的气体体积，mL；

　　　$p_渗$——渗透气的绝对压力，1.33kPa(cmHg)。

6. 思考题

薄膜的厚度对测定结果有何影响？

实验二十八　　水蒸气渗透率测定

1. 实验目的要求

① 了解高聚物薄膜和片材透水蒸气性测定的原理；

② 掌握高聚物薄膜和片材透水蒸气性测定的方法。

2. 实验原理

水蒸气透过量（WVT）是指在规定的温度、相对湿度环境中，单位时间内，单位水蒸气压差和一定厚度的条件下，$1m^2$ 的试样在 24h 内透过的水蒸气量。

水蒸气透过系数（P）是指在规定的温度、相对湿度条件下，使试样两侧保持一定的水蒸气压差，通过气压计测量透过试样的水蒸气量变化，从而计算水蒸气透过量和水蒸气透过系数。

杯式法是在规定的温度、相对湿度条件下，使试样两侧保持一定的水蒸气压差，通过气压计测量透过试样的水蒸气量变化，从而计算水蒸气透过量和水蒸气透过系数。

杯式法适应用于高聚物薄膜等材料的透过水蒸气性能的测定。

3. 实验试样和仪器

（1）试样 高聚物薄膜、片材等，试样的直径应为杯环内径加凹槽宽度。

干燥剂 无水氯化钙粒度为 0.6～2.36mm。使用前应在（200±2）℃烘箱中干燥 2h。

密封蜡 密封蜡应在温度 38℃、相对湿度 90％条件下暴露不软化变形。若暴露表面积为 $50cm^2$，则在 24h 内质量变化不能超过 1mg 可由 85％石蜡（熔点 50～52℃）和 15％蜂蜡组成。或 80％石蜡（熔点 50～52℃）和 20％黏稠聚异丁烯（低聚物）组成。

（2）仪器和试剂

① 干燥器。

② 分析天平 感量为 0.1mg。

③ 薄膜厚度测量仪 精度为 0.001mm；测量片材厚度精度为 0.01mm。

④ 恒温恒湿箱 温度精度为 ±0.6℃；相对湿度精度为 ±2％；风速为 0.5～2.5m/s。恒温恒湿箱关闭之后，15min 内应重新达到规定的温度和湿度。

⑤ 透湿杯 透湿杯由质轻、耐腐蚀、不透水、不透气的材料制成。有效测定面积至少为 $25cm^2$。见图 3-43。

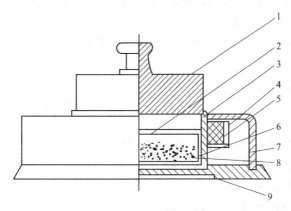

图 3-43 透湿杯组装图

1—压盖（黄铜）；2—试样；3—杯环（铝）；4—密封蜡；5—杯子（铝）；
6—杯皿（玻璃）；7—导正环（黄铜）；8—干燥剂；9—杯台（黄铜）

4. 实验步骤

① 实验条件有两种：条件 A：温度（38±0.6）℃，相对湿度（90±2）％。条件 B：温度（23±0.6）℃，相对湿度（90±2）％。应根据提供试样者要求或相关标准确定。

② 将干燥剂放入清洁的杯皿中，其加入量应使干燥剂距试样表面约 3mm 为宜。

③ 将盛有干燥剂的杯皿放入杯子中，然后将杯子放到杯台上，试样放在杯子正中，加上杯环后，用导正环固定好试样的位置，再加上压盖。

④ 小心地取下导正环，将熔融的密封蜡浇灌到杯子的凹槽中。密封蜡凝固后不允许产生裂纹及气泡。

⑤ 待密封蜡凝固后，取下压盖和杯台，并清除黏在透湿杯边及底部的密封蜡。

⑥ 称量封好的透湿杯。

⑦ 将透湿杯放入已调好温度、湿度的恒温恒湿箱中，16h 后从箱中取出，放入处于 (23±2)℃环境下的干燥器中，平衡 30min 后进行称量。注意：以后每次称量前均应进行上述平衡步骤。

⑧ 称量后将透湿度杯重新放入恒温恒湿箱内，以后每两次称量的间隔时间为 24h、48h 或 96h。

注意：若试样透湿量过大，亦可对初始平衡时间和称量间隔时间作相应调整。但应控制透湿杯增量不少于 5mg。

⑨ 重复上述步骤，直到前后两次质量相差不大于 5％时，方可结束实验。

注：每次称样时，透湿杯的先后顺序应一致，称量时间不得超过间隔时间的 1％，每次称量后应轻微振动杯子中的干燥剂使其上下混合；干燥剂吸湿总增量不得超过 10％。

5. 数据处理

（1）水蒸气透过量（WVT）

$$WVT = \frac{24\Delta m}{At} \tag{3-45}$$

式中　WVT——水蒸气透过量，$g/(cm^2 \cdot 24h)$；

　　　t——质量增量稳定后的两次间隔时间，h；

　　　Δm——t 时间内的质量增量，g；对于需做空白实验的试样，在计算水蒸气透过量时，上式中的 Δm 需扣除空白实验中 t 时间内的质量增量；

　　　A——试样透水蒸气的面积，cm^2。

实验结果以每组试样的算术平均值表示，取三位有效数字。每一个试样测试值与算术平均值的偏差不超过 ±10％

（2）水蒸气透过系数（P_v）

$$P_v = \frac{\Delta m d}{At\Delta p} = 1.157 \times 10^{-9} \times \frac{WVTd}{\Delta p} \tag{3-46}$$

式中　P_v——水蒸气透过率，$g \cdot cm/(cm^2 \cdot s \cdot Pa)$；

　　　WVT——水蒸气体透过量，$g/(cm^2 \cdot 24h)$；

　　　d——试样厚度，cm；

　　　Δp——试样两侧的水蒸气压差，Pa。

实验结果以每两组试样的算术平均值表示，取两位有效数字。

注意：人造革、复合塑料薄膜、压花薄膜不计算水蒸气透过系数。

第四章　高分子材料成型加工实验

第一节　模压成型

模压成型（又称压制成型或压缩模塑）是先将粉状、粒状或纤维状的塑料或橡胶和添加剂放入成型温度下的模具型腔中，然后闭模加压而使其成型并固化的作业。模压成型可兼用于热塑性塑料、热固性塑料和橡胶材料。模压热塑性塑料时，塑料先预热塑化变为高黏度的熔体，在压力的作用下，高黏度的熔体充满整个型腔，取得型腔所赋予的形状，最后冷却模具使熔体固化脱模成为制品。热固性塑料的模压，在前一阶段的情况与热塑性塑料相同，但是塑料一直是处于高温的，置于型腔中的热固性塑料在压力作用下，先由固体变为高黏度的熔体，并在这种状态下充满型腔而取得型腔所赋予的形状，随着交联反应的深化，高黏度的熔体的黏度逐渐增加以至变为固体，最后脱模成为制品。橡胶模压成型过程中，开始是将一定可塑性的混炼胶充满模腔，然后加热硫化，成为具有一定弹性的橡胶制品。由于模压时模具需要交替地加热与冷却，生产周期长，因此，塑料和橡胶制品的成型以注塑法更为经济，但有时又不可少。如模压较大平面的塑料制品和大部分的橡胶制品时只能采用模压成型法。

模压成型的主要优点：可模压较大平面的制品和利用多槽模进行大量生产；设备投资少，工艺成熟，生产成本低；可以成型热塑性塑料、热固性塑料和橡胶制品。其主要缺点：生产周期长，效率低；较难实现自动化，劳动强度大；不能成型形状复杂、厚壁的制品；制品的尺寸准确性低，不能模压要求尺寸准确性较高的制品。

实验二十九　聚氯乙烯模压成型

1. 实验目的要求

① 掌握热塑性塑料聚氯乙烯塑料的配方设计的基本知识；

② 熟悉硬聚氯乙烯加工成型各个环节及其与制品质量的关系；

③ 了解高速混合机、双辊开放式炼塑机、平板压机等基本结构原理，学会这些设备的操作方法。

2. 实验原理

聚氯乙烯（PVC）是应用很广泛的一种通用树脂之一，单纯的 PVC 树脂是较刚硬的原料，其熔体黏度大，流动性差，虽具有一般非晶态线型聚合物的热力学状态，但 $T_g \sim T_f$ 范围窄，对热不稳定，在成型加工中会发生严重的降解，放出氯化氢气体、变色和黏附设备。因此在成型加工之前必须加入热稳定剂、加工改性剂、抗冲改性剂等多种助剂。压制硬 PVC 板材的生产包括下列工序。①混合：按一定配方称量 PVC 及各种组分，按一定的加料顺序，将各组分加入到高速混合机中进行混合；②双辊塑炼拉片：用双辊炼塑机将混合物料熔融混合塑化，得到组成均匀的成型用 PVC 片材；③压制：把 PVC 片材放入压制模具中，将模具放入平板压机中，预热、加压使 PVC 熔融塑化，然后冷却定型成硬质 PVC 板材。

硬质 PVC 板材，可以制透明的或不透明的两种类型。配方设计中主体成分是树脂和稳定剂，另外加入适量的润滑剂和其他添加剂，不加或加入少量增塑剂。

混合是利用对物料加热和搅拌作用，使树脂粒子在吸收液体组分时，同时受到反复撕捏、剪切，形成能自由流动的粉状掺混物。塑炼是使物料在黏流温度以上和较大的剪切作用下来回折叠、辊压，使各组分分散更趋均匀，同时驱出含有水分或挥发气体。PVC 混合物经塑炼后，可塑性得到很大改善，配方中各组分的独特性能和它们之间的"协同作用"将会得到更大发挥，这对下一步成型和制品的性能有着极其重要的影响。因此，塑炼过程中与料温和剪切作用有关的工艺参数、设备物性（如辊温、辊距、辊速、时间）以及操作的熟练程度都是影响塑炼效果的重要因素。

3. 实验原材料和仪器设备

（1）原材料

① 树脂及改性剂　为了配制透明的和不透明的两种类型板材，按 PVC 树脂的加工性和硬板的一般用途，选用分子量适当、颗粒度大小分布较窄的悬浮聚合松型树脂为宜。这类树脂含杂质少、流动性较好、有较为优良的热变形温度和耐化学稳定性，成本也较低廉。

由于硬质 PVC 塑料制品冲击强度低，在板配方中加入一定量的改性剂，如甲基丙烯酸甲酯-丁二烯-苯乙烯接枝共聚物（MBS）、丙烯腈-丁二烯-苯乙烯接枝共聚物（ABS）和氯化聚乙烯（CPE）等可弥补其不足。冲击改性剂的特点是：与 PVC 有较好的相容性，在 PVC 基质中分散均匀，形成似橡胶粒子相，如甲基丙烯酸甲酯-丁二烯-苯乙烯接枝共聚物（MBS）、丙烯腈-丁二烯-苯乙烯接枝共聚物（ABS）和丙烯酸酯类共聚物（ACR）或弹性网络（如 CPE）。

具有两相结构材料的透明性取决于两相的折射率是否接近。如两相折射率不相匹配，光线会在两相的界面产生散射，所得制品不透明。当抗冲改性剂粒子足够小时，也能使 PVC 硬板显示优良的透明性和冲击韧性。当然，PVC 配方中其他添加剂（如润滑剂、稳定剂、着色剂等）的类型与含量对折射率的匹配也有明显的影响，需全面考查调配，才能实现最佳透明效果。

② 稳定剂　为了防止或延缓 PVC 树脂在成型加工和使用过程中受光、热、氧的作用而降解，配方中必须加入适当类型和用量的稳定剂。常用的有：铅盐化合物、有机锡化合物、金属盐及其复合物等类型和用量的稳定剂。各类稳定剂的稳定效果除本身特性外，还受其他组分、加工条件影响。

铅盐稳定剂成本低、光稳定作用与电性能良好，不存在被萃取、挥发或使硬板热变形温度下降等问题。但密度大、有毒、透明性差，与含硫物质或大气接触易受污染。仅适用于透明性、毒性和污染性不是主要要求的通用板材。

从热稳定作用、初期色相性和加工性能来看，硫醇有机锡是最有效的，它不仅能提供优良的透明性，同时还具有很好的相容性。在加工中不会出现金属表面沉析现象，不被硫化物污染。不过它的价格昂贵且有难闻的气味和耐候性较差的缺点，但与羧酸锡并用，可取长补短，是透明制品不可缺少的一类稳定剂。

单一的钡、钙金属盐（皂）稳定效果差，在长时间加热下会出现严重变色现象，一般都不单独使用。若将它们与另一种金属盐（如锌、镉等）适当配合，混合的金属盐则产生"协同效应"，表现出明显的增效作用。此外，在钙、锌混合金属盐中加入环氧大豆油，可作无毒稳定剂；钡、镉皂与环氧油并用，不仅能改善热稳定性，而且能显著地提高耐候性。

除此之外，在 PVC 硬板的配方中，为了降低熔体黏度，减少塑料对加工设备的黏附和硬质组分对设备的磨损，应适量加入润滑剂。选用润滑剂时，除考虑必要性的相容性外，还应有一定的热稳定性和化学惰性，在金属表面不残留分解物，能赋予制品以良好的外观，不影响制品的色泽和其他性能。

硬质 PVC 板材基本配方如表 4-1 所示。

表 4-1　硬质 PVC 板材配方示例　　　　　　　　　单位：质量份

原　　料	普通板材	透明板材
聚氯乙烯树脂（PVC）（SG-5，SG-4）	100	100
邻苯二甲酸二辛酯（DOP）	4～6	5～7
甲基丙烯酸甲酯-丁二烯-苯乙烯接枝共聚物（MBS）		2～4
三碱式硫酸铅	5～6	
硫醇有机锡		2～3
硬脂酸钡（BaSt）	1.5	
硬脂酸钙（CaSt）	1.0	0.2
硬脂酸锌（ZnSt）		0.1
环氧化大豆油（ESO）		2～3
硬脂酸（HSt）		0.3
碳酸钙（CaCO₃）	10	
液体石蜡	0.5～1.0	
色料	0.005～0.01	

（2）仪器设备

双辊开炼机（SK-160B）　　　　　　　　　　　　　　　1 台
250kN 电热平板硫化机（ϕ350mm×350mm）　　　　 1 台
高速混合机　　　　　　　　　　　　　　　　　　　　1 台
不锈钢模板　　　　　　　　　　　　　　　　　　　　1 副
浅搪瓷盘　　　　　　　　　　　　　　　　　　　　　1 个
水银温度计（0～250℃）　　　　　　　　　　　　　　2 支
表面温度计（0～250℃）　　　　　　　　　　　　　　1 支
天平（感量 0.1g）　　　　　　　　　　　　　　　　　1 台
制样机　　　　　　　　　　　　　　　　　　　　　　1 台
测厚仪或游标卡尺　　　　　　　　　　　　　　　　　1 件

小铜刀、棕刷、手套、剪刀等实验用具

① 双辊开炼机主体结构如图 4-1 所示。

② 平板硫化机如图 4-2 所示。

③ 高速混合机如图 4-3 所示。

4. 实验步骤

（1）粉料配制

① 以 PVC 树脂 100g 为基准，按表 4-1 配方在天平上称量各添加剂质量，经研磨、磁选后依次放入配料瓷盘中。

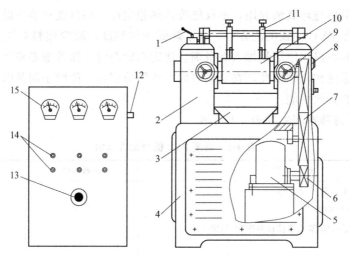

图 4-1　开放式炼胶机主体结构示意图

1—紧急制动开关；2—辊筒座；3—接料盘；4—支架；5—电机；6,7,8—齿轮；9—辊间距调节轮；10—辊筒；
11—加料间距调节板；12—控制箱开关；13—加热旋钮；14—辊筒和加热开关；15—电压表

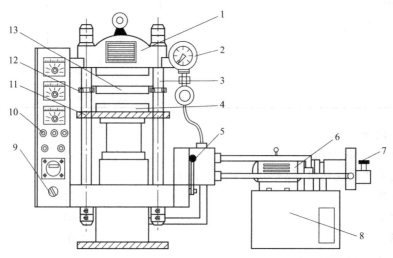

图 4-2　平板硫化机主体结构示意图

1—上机座；2—压力表；3—柱轴；4—下平板；5—操作杆；6—油泵；7—调压阀；8—工作液缸；
9—开关；10—调温旋钮；11—升降平板；12—限位装置；13—活动平板

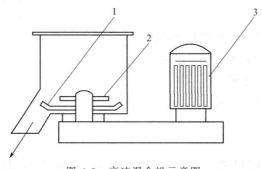

图 4-3　高速混合机示意图

1—刮刀；2—叶轮；3—电动机

② 熟悉混合操作规程。先将 PVC 树脂稳定剂等干粉组分加入高速混合机中，盖上加料盖，并拧紧螺栓，开动搅拌 1～2min，停止搅拌，打开加料盖，缓慢加入增塑剂等液体组分，此时物料混合温度不超过 60℃。然后加盖，继续搅拌 3min 左右，当物料混合温度自动升温至 90～100℃时，即添加剂已均匀分散吸附在 PVC 颗粒表面，固体润滑也基本熔化时，换转速至低速，打开料闸门，将混合粉料放入浅搪瓷盘中待用，并将混合机中的残剩物料清除干净。

（2）塑炼拉片

① 按照双辊炼塑机操作规程，利用加热、控温装置将辊筒预热至（165±5）℃，后辊约低 5～10℃，恒温 10mn 后，开启开放式炼塑机，调节辊间距为 2～3mm。

② 在辊隙上部加上初混物料，操作开始后从两辊间隙掉下的物料立即再加往辊隙中，不要让物料在辊隙下方的搪瓷盘内停留时间过长，且注意经常保持一定的辊隙存料。待混合料已粘接成包辊的连续状带后，适当放宽辊隙以控制料温和料带的厚度。

③ 塑炼过程中，用切割装置或铜刀不断地将从辊筒上拉下来折叠辊压，或者把物料翻过来沿辊筒轴向不同的料团折叠交叉再送入辊隙中，使各组分充分地分散，塑化均匀。

④ 辊压 6～8min 后，再将辊距调至 2～3mm 进行薄通 1～2 次，若观察物料色泽已均匀、截面上不显毛粒、表面已光泽且有一定强度时，结束辊压过程。迅速将塑炼好的料带成整片剥下，平整放置，按压模板框尺寸剪裁成片坯。也可以在出片后放置平整，冷却后上切粒机切削成 2mm×3mm×4mm 左右的粒子，即为硬 PVC 塑料。

（3）压制成型

① 按照平板压机操作规程，检查压机各部分的运转、加热和冷却情况并调节到工作状况，利用压机的加热和控温装置将压机上、下模板加热至（180±5）℃。由压模板尺寸、PVC 板材的模压压强（1.5～2.0MPa）和压力成型机的技术参数，按公式（4-1）计算出油表压力 p（表压）。

② 把裁剪好的片坯重叠在不锈钢模板中间，放入压机平板中间。启动压机，使已加热的压机上、下模板与装有叠合板坯的模具相接触（此时模具处于未受压状态），预热板坯约 10min。然后闭模加压至所需表压，当物料温度稳定到（180±5）℃时，可适当降低一点压力以免塑料过多地溢出。

③ 保温、保压约 30min，冷却，待模具温度降至 80℃以下直至板材充分固化后，方能解除压力，取出模具脱模修边得到 PVC 板材制品。

④ 改变配方或改变配制成型工艺条件，重复上述操作过程进行下一轮实验，可制得不同性能的 PVC 板材。

（4）机械加工制备试样　将已制备得的透明或不透明 PVC 板材，在制样机上切取试样，试样数量纵、横各不少于 4 个，以原厚为试样厚度，按将进行的性能测试标准制成试样。

5．实验结果分析

（1）实验结果表示　平板压机表压 p：

$$p = \frac{p_0 A p_{max}}{N_{机} \times 10^3} \tag{4-1}$$

式中　p——压机油压机表读数，MPa；

　　　p_0——成型压力，MPa；

　　　A——模具投影面积，cm^2；

p_{max}——压机最大工作压力，MPa；

$N_机$——压机公称压力，kN。

（2）配制、成型工艺参数和板材外观记录于表 4-2 中。

表 4-2　配制、成型工艺参数和板材外观记录

配方编号	粉料混合		辊压		压制				
	温度/℃	时间/min	温度/℃	时间/min	模板温度/℃		表压/MPa	时间/min	模板压强/MPa
					上	下			
1									
2									
3									
4									
5									

6. 思考题

① 简述 PVC 配方中各组分的作用。透明和不透明配方的区别是什么？

② 试考虑除本实验所选工艺路线外，PVC 板材的制造还可采用哪些工艺路线？比较其优缺点？

实验三十　酚醛树脂模压成型

1. 实验目的要求

① 了解热固性塑料加工成型的基本原理；

② 掌握酚醛压塑粉的配合工艺；

③ 掌握酚醛塑料的模压成型方法。

2. 实验原理

热固性塑料的模压成型，是将缩聚反应到一定阶段的热固性树脂（酚醛树脂）及其填充混合料置于成型温度下的压模型腔中，闭模施压。借助热和压力的作用，物料熔融变成可塑性流体而充满型腔，取得与型腔一致的形样，与此同时，带活性基团的树脂分子产生化学交联而形成三维网状结构，再经一段时间保压固化后，脱模即得制品。

模压成型工艺参数是温度、压力和时间。

温度决定着压塑粉在模具中的流动状况和固化速度。高温有利于缩短模压成型的周期，而且又能提高制品的表面光洁度等物理力学性能。但若温度过高，树脂又因硬化太快而塑粉充模不全，制品中的水分和挥发物排除不及，存在于制品中使制品性能不良。反之，若温度过低，料流程短，流量小，交联固化不完善，生产周期延长，也是不宜的。通用型酚醛压塑粉的模压成型温度，一般控制在 145～150℃为宜。不同种类和不同制品的模压温度须通过实验方法来确定。

模压压力的选择取决于塑料类型、制品结构、模压温度及物料是否预热等诸因素。一般来说，增大模压压力可增进塑料熔体的流动性，降低制品的成型收缩率，使制品更密实；压力过小会增加制品带气孔的机会。不过，在模压温度一定时，仅仅增大模压压力并不能保证制品内部不存在气泡，况且压力过高还会增加设备的功率消耗，影响模具的使用寿命。

模压时间指压模完全闭合至启模这段时间。模压时间的长短也与塑料的类型、制品形状、模压工艺及操作过程有密切关系。通常随制品厚度增大而模压时间相应增长，适当增长模压时间，可减少制品的变形和收缩率。采用预热、压片、排气等操作措施及提高模压温度都可缩短模压时间，从而提高生产效率。但是，如模压时间过短，树脂固化未必完全，启模后制品易翘曲、变形或表面无光泽、甚至影响物理力学性能。

此外，压缩粉的工艺特性、模具结构和表面粗糙度等也是影响制品质量的重要因素。实验时应根据具体要求综合考虑，设计出最佳工艺才能使生产效率和制品质量达到最佳效果。

酚醛压塑粉是多组分塑料，酚醛树脂是低聚物，即羟甲基苯酚的缩聚物，分子量通常是几百到几千。它是塑料的主体。六亚甲基四胺是树脂的固化剂，它是碱性的，在受热或潮湿条件下分解出甲醛和氨气。

$$(CH_2)_6N_4 + 4H_2O \xrightarrow{\triangle} 6CH_2O + 4NH_3$$

酚醛树脂与甲醛在碱性条件下，将进一步缩合而且交联。

木粉是一类有机填料，实质是纤维素高分子化合物，使它分散于酚醛树脂的网状结构中，有增容、增韧及降低成本的作用。此外，纤维素中的羟基也可参与树脂的交联，有利于改善制品的力学性能。

石灰和氧化镁都是碱性物质，对树脂的固化起到促进作用，也可中和酚醛树脂中可能残存的酸，使交联固化完善，有利于提高制品的耐热性和机械强度。

硬脂酸盐类作为润滑剂，不但能增加物料混合和成型时的流动性，也利于成型时的脱模。

酚醛树脂色深，其制品多为黑色或棕色，常用苯胺黑作着色剂。

3. 实验原材料和仪器设备

(1) 原材料　酚醛树脂，木粉，固化剂，润滑剂和着色剂。

(2) 仪器设备

双辊开炼机（SK-160B）　　　　　1台

模具　　　　　　　　　　　　　1套

温度计（0~300℃）　　　　　　　2支

天平（感量0.5g）　　　　　　　1台

脱模装置、铜刀、石棉手套等实验用具。

本实验采用 XLB-D350mm×350mm×2 平板硫化机代替液压机，该机由机身、液压系统、油箱、电器控制系统等四大部分组成。

平板硫化机主要技术参数：

最大压力　　　　　　　　　　250kN

工作液最大压力：　　　　　　14.5MPa

活塞杆直径	150mm
热板规格	350mm×350mm
最高使用温度	250℃
热板单位面积压力	3MPa

4. 实验步骤

（1）各组分的准备和捏合

① 酚醛树脂首先要粉碎，木粉要干燥。各种配合剂和树脂按配比分别称量，复核无误备用。

② 物料捏合　在 Z 型捏合机内加入树脂和除木粉以外的其他组分，开动混合机混合 30min，然后加入木粉再混合 30min 到 1h，停止出料备用。

（2）混合物料的辊压塑化

① 在 Z 型开炼机上进行，机器的加热和操作要点如前所述（硬 PVC 加工）。两个辊筒的温度分别调整为 100～130℃，辊间距 3～5mm。

② 加入混合物料辊压塑化：混合物料中的酚醛树脂因受辊筒温度的影响而熔化，并且浸渍其他组分，形成包辊层按前面热塑性塑料塑炼的操作进行切割、翻炼，促使物料混合均匀。由于混合塑化过程是一个物理和化学过程，应严格控制混炼时间。塑化期间要经常检验物料的流动性，辊压后的物料成为均匀黑色片材，冷却后为硬而脆的物料。

（3）塑料片的粉碎　可用锤击等方法把塑化片打碎成 5mm 以下的碎块，然后采用粉碎机或球磨机或研钵把碎块粉化。要求压塑粉有良好的松散性和均匀度。

（4）实验前的准备　压机加热，严格控制上、下模板的温度一致，模压温度为 145℃。根据模型尺寸和压机参数计算模压成型的表压。从塑粉的硬化速度、制品厚度确定模压时间。模具预热和涂脱模剂。

（5）加料闭模压制

① 称取一定量的酚醛压塑粉迅速加入到预热的模具型腔内，使平整分布，迅速合模后置于平板压机压板的中央。加料量＝塑粉密度（约 1.2g/cm³）×压制体积×加料系数（约 1.2）。

② 加压闭模、放气。压机迅速施压到达成型所需表压后，即降压为 0，这样的操作反复两次，完成放气。

③ 开动压机到达所需的成型的表压为止。

④ 保压固化。按工艺要求保持压力的时间，使模具内塑料交联固化定型为酚醛塑料制品，趁热脱模。

5. 思考题

① 酚醛塑料的模压成型原理与 PVC 压制成型原理有何不同？

② 热固性塑料模压成型为什么要排气？

实验三十一　　天然橡胶硫化模压成型

1. 实验目的要求

① 掌握橡胶制品配方设计的基本知识和橡胶模塑硫化工艺；

② 熟悉橡胶加工设备（如开炼机、平板硫化机等）及其基本结构，掌握这些设备的操

作方法。

2. 实验原理

生胶是橡胶弹性体，属线型高分子化合物。高弹性是它的最宝贵的性能，但是过分的强韧高弹性会给成型加工带来很大的困难，即使成型的制品也没有实用的价值，因此，它必须通过一定的加工程序，才能成为有使用价值的材料。

塑炼和混炼是橡胶加工的两个重要的工艺过程，通称炼胶，其目的是要取得具有柔软可塑性，并赋予一定使用性能的、可用于成型的胶料。

生胶的分子量通常都是很高的，从几十万到百万以上。过高的分子量带来的强韧高弹性给加工带来很大的困难，必须使之成为柔软可塑性状态才能与其他配合剂均匀混合，这就需要进行塑炼。塑炼可以通过机械的、物理的或化学的方法来完成。机械法是依靠机械剪切力的作用借以空气中的氧化作用使生胶大分子降解到某种程度，从而使生胶弹性下降而可塑性得到提高，目前此法最为常用。物理法是在生胶中充入相容性好的软化剂，以削弱生胶大分子的分子间力而提高其可塑性，目前以充油丁苯橡胶用得比较多。化学塑炼则是加入某些塑解剂，促进生胶大分子的降解，通常是在机械塑炼的同时进行的。

本实验是天然橡胶的加工，选用开炼机进行机械法塑炼。天然生胶置于开炼机的两个相向转动的辊筒间隙中，在常温（小于50℃）下反复被机械作用，受力降解；与此同时降解后的大分子自由基在空气中的氧化作用下，发生了一系列力学与化学反应，最终可以控制达到一定的可塑度，生胶从原先强韧高弹性变为柔软可塑性，满足混炼的要求。塑炼的程度和塑炼的效率主要与辊筒的间隙和温度有关，若间隙愈小、温度愈低，力化学作用愈大，塑炼效率愈高。此外，塑炼的时间、塑炼工艺操作方法及是否加入塑解剂也影响塑炼的效果。

生胶塑炼的程度是以塑炼胶的可塑度来衡量的，塑炼过程中可取样测量，不同的制品要求具有不同的可塑度，应该严格控制，过度塑炼是有害的。

混炼是在塑炼胶的基础上进行的又一个炼胶工序。本实验也是在开炼机上进行的。为了取得具有一定的可塑度且性能均匀的混炼胶，除了控制辊距的大小，适宜的辊温（小于90℃）之外，必须注意按一定的加料混合程序进行。即量小难分散的配合剂首先加到塑炼胶中，让它有较长的时间分散；量大的配合剂则后加。硫黄用量虽少，但应最后加入，因为硫黄一旦加入，便可能发生硫化效应，过长的混合时间将使胶料的工艺性能变坏，于其后的半成品成型及硫化工序都不利。不同的制品及不同的成型工艺要求混炼胶的可塑度、硬度等都是不同的。

本实验所列配方中的硫黄含量在5份之内，交联度不很大，所得制品柔软；选用两种促进剂对天然胶的硫化都有促进作用，不同的促进剂协同使用，是因为它们的活性强弱及活性温度有所不同，在硫化时将促进交联作用更加协调、充分显示促进效果；助促进剂即活性剂在炼胶和硫化时起活化作用；防老剂多为抗氧剂，用来防止橡胶大分子因加工及其后的应用过程的氧化降解作用，以达到稳定的目的；石蜡与大多数橡胶的相容性不良，能集结于制品表面起到滤光阻氧等防老化效果，并且对于加工成型有润滑性能；碳酸钙作为填充剂有增容及降低成本作用，其用量多少将影响制品的硬度。

本实验要求制取一块天然软质硫化胶片，其成型方法采用模压法，通常又称为模型硫化。它是一定量的混炼胶置于模具的型腔内通过平板硫化机在一定的温度和压力下成型同时经历一定的时间发生适当的交联反应，最终取得制品的过程。天然橡胶是异戊二烯的聚合物，硫化反应主要发生在大分子间的双键上。其机理如下：在适当的温度，特别是达到了促进剂的活性温度下，由于活性剂的活化及促进剂分解自由离基，促使硫黄成为活性硫，同时聚异戊二烯主链上的双键打开形成橡胶大分子自由基，活性硫原子作为交联键桥使橡胶大分子间交联起来而成立体网状结构。双键处的交联程度与交联剂硫黄的用量有关。硫化胶作为立体网状结构并非橡胶大分子所有的双键处都发生了交联，交联度与硫黄的量基本上是成正比关系的。所得的硫化胶制品实际上是松散的、不完全的交联结构。成型时施加一定的压力既有利于活性点的接近和碰撞，促进交联反应的进行，也利于胶料的流动。硫化过程须保持一定的时间，以保证交联反应达到配方设计所要求的程度。硫化过后，不必冷却即可脱模，模具内的胶料已交联定型为橡胶制品。

3. 实验原材料和仪器设备

（1）原材料（质量份）

天然橡胶（NR）	100.0
硫黄	2.5
促进剂 CZ	1.5
促进剂 DM	0.5
硬脂酸	2.0
氧化锌	5.0
轻质碳酸钙	40.0
石蜡	1.0
防老剂 4010-NA	1.0
着色剂	0.1

（2）仪器设备

双辊开炼机（SK-160B）	1 台
平板硫化机（XLB-D350mm×350mm×2）	1 台
模板	1 副
浅搪瓷盘	1 个
温度计（0～300℃）	2 支
天平（感量 0.01g）	1 台

备齐铜铲、手套、剪刀等实验用具。

4. 实验步骤

（1）配料　按上列的配方准备原材料，准确称量并复核备用。

（2）生胶塑炼

① 按照机器的操作规程开动双辊开炼机，观察机器是否运转正常。

② 破胶：调节辊距 2mm，在靠近大齿轮的一端操作以防损坏设备。生胶碎块依次连续投入两辊之间，不宜中断，以防胶块弹出伤人。

③ 薄通：胶块破碎后，将辊距调至 1mm，辊温控制在 45℃ 左右。将破胶后的胶片在大齿轮的一端加入，使之通过辊筒的间隙，使胶片直接落到接料盘内。当辊筒上已无堆积胶时，将胶片折叠重新投入到辊筒的间隙中，继续薄通到规定的薄通次数为止。

④ 捣胶：将辊距调至 1mm，使胶片包辊后，手握割刀从左向右割至近右边边缘（不要割断），再向下割，使胶料落在接料盘上，直到辊筒上的堆积胶将消失时才停止割刀。割落的胶随着辊筒上的余胶带入辊筒的右方，然后再从右向左方向同样割胶。这样的操作反复操

作多次。

⑤ 辊筒的冷却：由于辊筒受到摩擦生热，辊温要升高，应经常以手触摸辊筒，若感到烫手，则适当通入冷却水，使辊温下降，并保持不超过50℃。

⑥ 经塑炼的生胶称塑炼胶，塑炼过程要取样作可塑度试验，达到所需塑炼程度时为止。

（3）胶料混炼

① 调节辊筒温度在50～60℃之间，后辊较前辊略低些。

② 包辊：塑炼胶置于辊缝间，调整辊距使塑炼胶既包辊又能在辊缝上部有适当的堆积胶。经2～3min的辊压、翻炼后，使之均匀连续地包裹在前辊筒上，形成光滑无隙的包辊胶层。取下胶层，放宽辊距至1.5mm，再把胶层投入辊缝使其包于后辊，然后准备加入配合剂。

③ 吃粉：不同配合剂按如下顺序分别加入。

a. 首先加入固体软化剂，这是为了进一步增加胶料的塑性以便混炼操作；同时因为分散困难，先加入是为了有较长时间混合，有利于分散。

b. 加入促进剂、防老剂和硬脂酸。促进剂和防老剂用量少，分散均匀度要求高，也应较早加入便于分散。此外，有些促进剂如DM类对胶料有增塑效果，早些加入利于混炼。防老剂早些加入可以防止混炼时可能出现温升而导致的老化现象。硬脂酸是表面活性剂，它可以改善亲水性的配合剂和高分子之间的湿润性，当硬脂酸加入后，就能在胶料中得到良好的分散。

c. 加入氧化锌。氧化锌是亲水性的，在硬脂酸之后加入有利于其在橡胶中的分散。

d. 加入补强剂和填充剂。这两种助剂配比较大，要求分散好本应早些加入，但由于混炼时间过长会造成粉料结聚，应采用分批、少量投入法，而且需要较长的时间才能逐步混入到胶料中。

e. 液体软化剂具有润滑性，又能使填充剂和补强剂等粉料结团，不宜过早加入，通常要在填充剂和补强剂混入之后再加入。

f. 硫黄是最后加入的，这是为了防止混炼过程出现焦烧现象，通常在混炼后期加入。

吃粉过程每加入一种配合剂后都要捣胶两次。在加入填充剂和补强剂时要让粉料自然地进入胶料中，使之与橡胶均匀接触混合，而不必急于捣胶；同时还需逐步调宽辊距，堆积胶保持在适当的范围内。待粉料全部吃进后，由中央处割刀分往两端，进行捣胶操作促使混炼均匀。

（4）翻炼　全部配合剂加入后，将辊距调至0.5～1.0mm，通常用打三角包、打卷或折叠及走刀法等进行翻炼至符合可塑度要求时为止。翻炼过程应取样测定可塑度。

① 打三角包法　将包辊胶割开用右手捏住割下的左上角，将胶片翻至右下角；用左手将右上角胶片翻至左下角，以此动作反复至胶料全部通过辊筒。

② 打卷法　将包辊胶割开，顺势向下翻卷成圆筒状至胶料全部卷起，然后将卷筒胶垂直插入辊筒间隙，这样反复至规定的次数，即混炼均匀为止。

③ 走刀法　用割刀在包辊胶上交叉割刀，连续走刀，但不割断胶片，使胶料改变受剪切力的方向，更新堆积胶。翻炼操作通常是3～4min，待胶料的颜色均匀一致，表面光滑即可终止。

（5）混炼胶的称量　按配方的加入量，混后胶料的最大损耗为总量的0.6%以下，若超过这一数值，胶料应予报废，须重新配炼。

（6）混炼时应注意的事项

① 在开炼机上操作必须按操作规程进行，要求高度集中注意力。

② 割刀时必须在辊筒的水平中心线以下部位操作。

③ 禁止戴手套操作。辊筒运转时，手不能接近辊缝处；双手尽量避免越过辊筒水平中心线上部，送料时手应作握拳状。

④ 遇到危险时应立即触动安全刹车。

⑤ 留长辫子的学生要求戴帽或结扎成短发后操作。

（7）胶料模型硫化　模型硫化是在平板硫化机上进行的。所用模具是型腔尺寸为 160mm×120mm×2mm 的橡胶标准试片用平板模。

① 混炼胶试样的准备　将混炼胶裁剪成一定的尺寸备用。胶片裁剪的平面尺寸应略小于模腔面积，而胶片的体积要求略大于模腔的容积。

② 模具预热　模具经清洗干净后，可在模具内腔表面涂上少量脱模剂，然后置于硫化机的平板上，在硫化温度 145℃下预热约 30min。

③ 加料模压硫化　将准备好的胶料放入已预热好的模腔内，并立即合模置于压机平板的中心位置，然后开动压机加压，胶料硫化压力为 2.0MPa。当压力表指针指示到达所需的工作压力时，开始记录硫化时间。本实验要求保压硫化时间为 10min，在硫化到达预定时间稍前时，去掉平板间的压力，立即趁热脱模。

④ 试片制品的停放　脱模后的试片制品放在平整的台面上在室温下冷却并停放 6～12h，才能进行性能测试。

5. 思考题

① 天然生胶、塑炼胶、混炼胶和硫化胶，它们的力学性能和结构实质有何不同？

② 影响天然胶塑炼和混炼的主要因素有哪些？

③ 胶料配方中的促进剂为何通常不只用一种？

第二节　挤　出　成　型

挤出成型是在挤出机中，通过加热、加压而使物料以流动状态连续通过具有一定形状的口模而成型塑料制品的一种加工方法。挤出成型在塑料加工领域占很大比例，全世界大约 60％以上的塑料制品是由经由挤出成型加工生产的。几乎所有的热塑性塑料都可以用挤出机成型加工，随着聚合和加工业的发展，对高分子材料成型和混合工艺提出了越来越多和越来越高的要求，单螺杆挤出机在某些方面就不能满足这些要求。为了适应聚合物加工中混合工艺的要求，双螺杆挤出机自 20 世纪 30 年代后期在意大利开发后，经过不断改进和完善，得到了很大的发展。在国外，目前双螺杆挤出机已广泛应用于聚合物加工领域，已占全部挤出机的 40％。近年来随着挤出成型设备的发展，挤出成型也用于部分热固性塑料的加工中。作为连续混合机，双螺杆挤出机已广泛用来进行聚合物共混、填充和增强改性，也可用来进行反应挤出。挤出成型的特点是制成的产品都是横截面一定的连续材料，如管材、异型材、板材、薄膜、单丝、电线电缆和挤出吹塑的型坯等。

目前挤出成型的新进展主要集中在开发新型螺杆和拓宽挤出成型的用途等方面。普通螺杆存在熔融效率低，塑化混合不均匀等缺点，往往不能很好适应一些特殊塑料的加工或进行混炼、着色等工艺过程。针对普通螺杆存在的问题，人们在对挤出过程进行深入研究的基础上，发展了各种新型螺杆。这些新型螺杆克服了常规全螺杆三段螺杆存在的缺点，在提高挤出产量，改善塑化质量，减少产量波动、压力波动和温度波动，特别是提高混合均匀性和分散性等方面都取得了满意的效果。

实验三十二 聚丙烯挤出造粒实验

1. 实验目的要求

① 熟悉挤出成型的原理；

② 了解挤出机的基本结构及各部分的作用，掌握挤出成型基本操作。

2. 实验原理

（1）塑料造粒 合成出来的树脂大多呈粉末状，粒径小成型加工不方便，而且合成树脂中又经常需要加入各种助剂才能满足制品的要求，为此就要将树脂与助剂混合，制成颗粒，这步工序称作"造粒"。树脂中加入功能性助剂可以造功能性母粒。造出的颗粒是塑料成型加工的原料。

使用颗粒料成型加工的主要优点有：①颗粒比粉料加料方便，无需强制加料器；②颗粒料比粉料密度大，制品质量好；③挥发物及空气含量较少，制品不容易产生气泡；④使用功能性母料比直接添加功能性助剂更容易分散。

塑料造粒可以使用辊压法混炼，塑料出片后切粒，也可以使用挤出塑炼，塑化挤出条后切粒。本实验采用挤出冷却后造粒的工艺。

（2）挤出成型原理及应用 热塑性塑料的挤出成型是主要的成型方法之一，塑料的挤出成型就是塑料在挤出机中，在一定的温度和一定的压力下熔融塑化，并连续通过有固定截面的模型，得到具有特定断面形状连续型材的加工方法。不论挤出造粒还是挤出制品都分两个阶段：第一阶段，固体状树脂原料在机筒中，借助于料筒外部的加热和螺杆转动的剪切挤压作用而熔融，同时熔体在压力的推动下被连续挤出口模；第二阶段是被挤出的型材失去塑性变为固体即制品，可为条状、片状、棒状、管状。因此，应用挤出的方法即可以造粒也能够生产型材或异型材。

3. 实验原材料和仪器设备

（1）原材料 聚丙烯（PP），高密度聚乙烯（HDPE），助剂。

（2）仪器设备

双螺杆挤出机	1台
XRZ-400型熔融流动速度仪	1台
剪刀	1把
手套	1副
切粒机	1台
冷却水槽	1个

双螺杆挤出机的主要技术性能为 $\phi 34mm$，螺杆长径比32，螺杆转速50Hz，加热温度＜350℃。挤出机的主体结构及挤出造粒过程如图4-4所示。

挤出机各部分的作用如下：

① 传动装置 由电动机、减速机构和轴承等组成。具有保证挤出过程中螺杆转速恒定、制品质量的稳定以及保证能够变速作用。

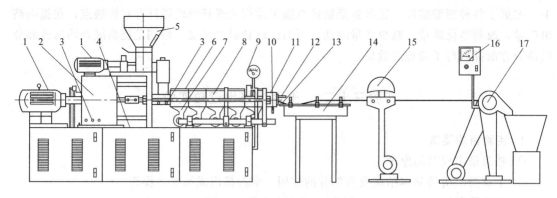

图 4-4　挤出造粒过程示意图

1—电动机；2—减速箱；3—冷却水；4—机座；5—料斗；6—加热器；7—鼓风机；8—机筒；
9—真空表；10—压力传感器；11—机头和口模；12—热电偶；13—条状挤出物；
14—水槽；15—风环；16—切粒机控制面板；17—切粒机

② 加料装置　无论原料是粒状、粉状和片状，加料装置都采用加料斗。加料斗内应有切断料流、标定料量和卸除余料等装置。

③ 料筒　料筒是挤出机的主要部件之一，塑料的混合、塑化和加压过程都在其中进行。挤出时料筒的压力很高，工作温度一般为 180～250℃，因此料筒是受压和受热的容器，通常由高强度、坚韧耐磨和耐腐蚀的合金制成。料筒外部设有分区加热和冷却的装置，而且各自附有热电偶和自动仪表等。

④ 螺杆　螺杆是挤出机的关键部件。根据螺杆的结构特性和工作原理分为如下几类：非啮合与啮合型双螺杆；啮合型与封闭型双螺杆；同向旋转和异向旋转双螺杆；平行和锥形双螺杆。

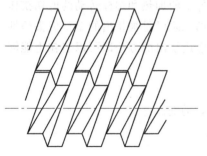

图 4-5　啮合同向双螺杆

本实验采用的挤出机是啮合同向双螺杆挤出机，螺杆结构如图 4-5 所示。通过螺杆的移动，料筒内的塑料才能发生移动，得到增压和部分热量（摩擦热）。螺杆的几何参数，诸如直径、长径比、各段长度比例以及螺槽深度等，对螺杆的工作特性均有重大影响。

⑤ 口模和机头　机头是口模与料筒之间的过渡部分，其长度和形状随所用塑料的种类、制品的形状、加热方法及挤出机的大小和类型而定。机头和口模结构的好坏，对制品的产量和质量影响很大，其尺寸根据流变学和实践经验确定。

4. 实验步骤

① 了解挤出塑料的熔融指数和熔点，初步设定挤出机各段、机头和口模的控温范围，同时拟定螺杆转速、加料速度、熔体压力、真空度、牵引速度及切粒速度等。

② 检查挤出机各部分，确认设备正常，接通电源，加热，同时开启料座夹套水管。待各段预热到要求温度时，再次检查并趁热拧紧机头各部分螺栓等衔接处，保温 10min 以上。

③ 启动油泵，再开动主机。在转动下先加少量塑料，注意进料和电流计情况。待有熔料挤出后，将挤出物用手（戴上手套）慢慢引上冷却牵引装置，同时开动切粒机切粒并收集产物。

④ 挤出平稳，继续加料，控制温度等工艺条件，维持正常操作。

⑤ 观察挤出料条形状和外观质量，记录挤出物均匀、光滑时的各段温度等工艺条件，记录一定时间内的挤出量，计算产率，重复加料，维持操作 1h。

⑥ 实验完毕，按下列顺序停机：

a. 将喂料机调至零位，按下喂料机停止按钮；

b. 关闭真空管路阀门；

c. 降低螺杆转速，尽量排除机筒内残留物料，将转速调至零位，按下主电机停止按钮；

d. 依次按下和电机冷却风机、油泵、真空泵、切粒机的停止按钮，断开加热器电源开关；

e. 关闭各进水阀门；

f. 对排气室、机头模面及整个机组表面清扫。

5. 实验记录和数据处理

① 列出实验用挤出机的技术参数。

② 计算挤出产率。

6. 思考题

① 影响挤出物均匀性的主要原因有哪些？怎样影响？如何控制？

② 造粒工艺有几种造粒方式？各有何特点？

实验三十三　聚乙烯塑料管材的挤出成型

1. 实验目的要求

① 掌握挤出聚乙烯管材基本工序流程和操作方法。

② 了解挤出聚乙烯管材主机和辅机的基本结构。

2. 实验原理

将高密度聚乙烯（HDPE）加入单螺杆挤出机中，经加热、剪切、混合及排气作用，HDPE 塑化成均匀熔体，在螺杆挤压下，熔体通过圆形口模成型、真空冷却定型，最终成为 HDPE 管材。

挤出管材的生产线由主机和辅机两部分组成，主机是挤出机，辅机包括机头、定型设备、冷却装置、牵引设备和切断设备等，其生产设备见图 4-6。

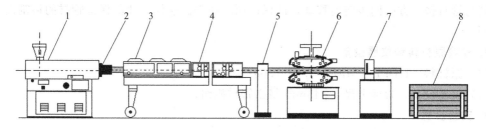

图 4-6　挤出管材生产线过程图

1—挤出机；2—挤出机头；3—定径装置；4—冷却装置；5—激光测量仪；

6—牵引装置；7—切割装置；8—卸料架

（1）主机（挤出机）　生产管材的挤出机可以采用单螺杆挤出机，也可采用双螺杆挤出机，挤出机大小的选择，一般情况下，挤出生产圆柱形聚乙烯管材时，口模直径和芯模直径为管径的 0.9～2 倍，拉伸比（口模和芯模所形成空间的截面积与挤出管材截面积之比）为 1～1.5。口模和芯模的定径长度相同，一般为管材外径的 0.5～3 倍，且与熔体接触零部件表面的光洁度要高。

(2) 辅机

① 机头　它是管材制品获得形状和尺寸的部件。熔融塑料进入机头，即芯棒和口模的尺寸与管材的尺寸大小相对应。管材的壁厚均匀度可通过调节螺栓在一定范围内作径向移动得以调整，并配合适当的牵引速度。挤管机头类型有两种：直通式机头和角式机头。由于直通式机头结构简单、制造容易，是常用的机头类型，但熔体通过该类型机头的分流梭支架会产生熔接痕。适当提高料筒温度、加长口模平直段长度等措施可以减轻熔接痕。

② 定型装置　由于从机头挤出的管材温度较高，为了获得尺寸精确、几何形状准确并具有一定粗糙度的管材，必须对刚刚挤出的管材进行冷却定型。冷却方式分为外定径和内定径，目前管材生产以外定径为主。外径定型法的装置主要有内充气正压法和负压真空定型两种，一般来说，内充气法比较适应于口径较大的管材，而抽真空法适合各种管径的定型，本实验使用的是负压真空定径。

③ 冷却装置　能起到将管材完全冷却到热变形温度以下的作用。常用的有水槽冷却和喷淋冷却。管材外径是 160mm 以下的常采用浸泡式水槽冷却，冷却槽分 24 段，以调节冷却强度。值得注意的是，冷却水一般从最后一段通入水槽，即水流方向与管材挤出的方向相反，这样能使管材冷却比较缓和，内应力小。200mm 以上的管材在冷却水槽中浮力较大，易发生弯曲变形，采用喷淋水槽冷却比较合适，即沿管材四周均匀布置喷水头，可以减少内应力，并获得圆度和直度更好的管材。

④ 牵引装置　牵引装置还是连续稳定挤出不可缺少的辅机装置，牵引速度的快慢是决定管材截面尺寸的主要因素之一。在挤出速度一定的前提下，适当的牵引速度，不仅能调整管材的厚度的尺寸，而且可使分子沿纵向取向，提高管材机械强度。牵引挤出管材的装置有滚轮式和履带式两种。滚轮式牵引机上下分设两排轧轮，轧轮表面附有一层橡胶，以增加牵引作用。两排轧轮之间的距离可以调节，以适应管径的变化。管材直径较小的管材（一般 ϕ < 45mm），适于用滚轮式牵引机；履带式牵引机是牵引机壳装有 2 组、3 组或 6 组不等的均匀分布的履带，履带上镶有橡胶块，用来接触和压紧管材。这种装置具有较大的牵引力，而且不易打滑，比较适于大型管材，特别严重是薄壁管材。

⑤ 切割装置　它是将连续挤出的管材根据需要的长度进行切割的装置。切割时，刀具应保持与管材挤出方向同步向前移动，即保持同步切割。这样，才能保证管材的切割面是一个平面。

3. 实验原材料和仪器设备

(1) 原材料　HDPE（MFR：0.1～7.0g/10min）。

(2) 仪器设备　游标卡尺，ϕ45mm 挤出管材机组。

4. 实验步骤

① 了解原料工艺特性，如密度、黏流温度等。

② 挤出机预热升温。依次接通挤出机总电源和料筒加热开关，调节加热各段温度仪表设定值至操作温度。挤出操作温度分五段控制，机身：供料段 100～120℃，压缩段 130～150℃，计量段 150～160℃；机头：机颈 155～165℃，口模 170～180℃。

③ 螺杆转速：一般控制在 20～30r/min。

④ 牵引力速度：一般牵引力速度比主机挤出速度快 1%～3%。

⑤ 达到预定的条件后，保温 10～15min，加入 HDPE，慢速启动主机，注意挤出管坯的形状、表面状况等外观质量，并剪取一段坯料，测量其直径和壁厚，针对情况将加热温度、挤出速度、口模间隙等工艺和设备因素作相应调整，确定较适宜的工艺条件。

⑥ 管材引入辅机，调节定型装置，真空度控制在 0.045～0.08MPa，开启冷却循环水，使管材平稳进入冷却水槽。

⑦ 开动其他辅机，设定牵引速度和切割速度，当挤出平稳后，截取 3～5 段试样作性能测试。

⑧ 变动挤出速度和牵引速度，截取 3～5 段试样，测量管材壁厚的变化和性能的改变。

⑨ 实验结束，先关闭气源和水源，再切断电源。

5. 实验结果处理

① 观察管材的颜色及外观。查看管材表面颜色是否均匀，有无变色点；内外壁是否平衡，光滑；是否有气泡、裂口、熔料纹、波纹、凹陷等。

② 管材规格尺寸的测量检查。有直径、壁厚、直径是否在偏差范围内；管材同一般面的壁厚偏差 δ 是否少于 14%，壁厚偏差 $\delta(\%)$ 计算公式如下：

$$\delta = \frac{\delta_1 - \delta_2}{\delta_1} \times 100$$

式中　δ_1——管材同一截面的最大壁厚，mm；

　　　δ_2——管材同一截面的最小壁厚，mm。

6. 思考题

① 试分析影响 HDPE 管材壁光泽度的工艺因素有哪些？

② 试分析管材壁厚不均的原因？

第三节　注射成型

1932 年德国 FRANEBRAUN 厂制造出全自动柱塞式卧式注射机，1948 年在注射成型机上开始使用螺杆塑化装置，并于 1958 年制造出世界上第一台往复螺杆式注射机，这是注射成型工艺技术的重大突破。我国于 1958 年生产出第一台液压传动的全自动柱塞式注射机，1966 年自行设计的 XS-ZY125 螺杆式注射机问世。

注射成型（又称注射模塑或简称注塑）是高分子材料成型加工中的一种重要方法。注塑制品约占塑料制品总量的 20%～30%，几乎所有的热塑性塑料及多种热固性塑料都可用此法成型。注射成型的特点是成型周期短、生产效率高，能一次成型外形复杂、尺寸精确、带有嵌件的制品，制品种类繁多，而且易于实现全自动化生产，因此应用十分广泛。尤其是塑料作为工程结构材料的出现，注塑制品的用途已从民用扩大到国民经济各个领域，并将逐渐代替传统的金属和非金属材料制品，包括各种工业配件、仪器仪表零件结构件、壳体等。目前注射成型技术主要是朝着高速化和自动化的方向发展。

注射成型过程是将粒状或粉状物料从注射机的料斗送进加热的料筒，经加热熔化呈流动状态后，由柱塞或螺杆推动，使其通过料筒前端的喷嘴以很高的压力和很快的速度注入到闭合的模具中。充满模腔的熔料在受压的情况下，经冷却（热塑性塑料）或加热（热固性塑料）固化后即可保持注塑模型腔所赋予的形状。开模取出制品，在操作上即完成了一个模塑周期。上述生产周期重复进行。

注射成型的一个模塑周期从几秒至几分钟不等，时间的长短取决于制品、注射成型机的类型以及塑料品种和工艺条件等因素。每个制品的重量可自一克以下至几十千克不等，视注射机的规格及制品的需要而异。

为了适合一些特殊性能要求的塑料，注塑在传统热塑性塑料注射成型技术基础上开发了一些专用注射成型技术，如反应注射成型（RIM）、气体辅助注射成型（GAIM）、流动注射成型（LIM）、结构发泡注射成型、排气注射成型、共注射成型等。

用注射机成型方法生产热固性塑料，不仅使其制品质量稳定、尺寸准确和性能提高，而且使成型周期大大缩短，劳动条件也得到改善，所以热固性塑料的注射成型发展很快。

目前我国生产的注射机在注射速度、塑化能力及启闭模速度等方面与国外还存在着一定的差距，这在一定程度下限制了注射成型技术在塑料成型加工中的应用。

实验三十四　聚丙烯注射成型

1. 实验目的要求

① 掌握注射成型工艺及其成型原理；
② 熟悉注射机的操作及使用方法；
③ 了解注射机的基本结构。

2. 实验原理

注射成型是将热塑性或热固性塑料从注射机的料斗加入料筒，经加热熔化呈流动状态后，由螺杆或柱塞推挤而通过料筒前端喷嘴注入闭合的模具型腔中。充满模具的熔料在受压情况下，经冷却固化后即可保持模具型腔所赋予的形样，打开模具即得制品。并在操作上完成了一个模塑周期。这种方法具有成型周期短、生产效率高，制品精度好，成型适应性强，易实现生产自动化等特点，因此应用十分广泛。采用注射成型制备标准试样还可以研究塑料的力学、热学及电学性能，分析工艺与性能的关系，选择合理的成型条件，以求生产时获得最佳的经济效益。

注射成型是通过注射机来实现的，注射机的类型很多，不同注射机工作时完成的动作程序可能不完全相同，但成型的基本过程及原理是相同的。用螺杆式注射机制备热塑性塑料制品的基本程序是：

（1）合模与锁紧　动模以低压快速进行闭合，与定模将要接触时，合模动力系统自动切换成低压低速，再切换成高压将模具锁紧。

（2）注射装置前移和注射　确认模具锁紧后，注射装置前移，使喷嘴与模具贴合。液压油进入注射油缸，推动与油缸活塞杆相连的螺杆，将螺杆头部均匀塑化的物料以规定的压力和速度注入模具型腔，直至熔料充满全部模腔，从而实现了充模程序。塑料注入模腔时，螺杆作用面的压力为注射压力（Pa）；螺杆移动的速度为注射速度（cm/s）。熔料能否充满模腔，取决于注射时的速度、压力以及熔体温度、模具温度。熔体温度和模具温度通过熔体黏度、流动性质变化来影响充模程序的速率。在其他工艺条件稳定的情况下，熔体充填时的流动状态受注射速度制约。速度慢、充模的时间长，剪切作用使熔体分子取向程度增大。反之，则充模的时间短、熔料温度差较小、密度均匀，熔接强度较高，制品外观及尺寸稳定性良好。但是，注射速度过快时，熔体高速流经截面变化的复杂流道并伴随热交换行为，出现十分复杂的流变现象，制品可能发生不规则流动及过量充模的弊病。

注射压力使熔体克服料筒、喷嘴、浇道、模腔等处的流动阻力，以一定的充模速率注入模腔，一经注满，模腔内的压力迅速达到最大值，而充模速率则迅速下降，熔料受到压实。在其他工艺条件不变时，熔体在模腔内充填过量或不足取决于注射压力高低，直接影响到分子取向程度和制品的外观质量。

（3）保压　熔料注入模腔后，由于冷却作用，物料产生收缩出现空隙，为保证制品的致密性、尺寸精度和强度，须对模具保持一定的压力进行补缩、增密。这时螺杆作用面的压力为保压压力（Pa），保压时螺杆位置将会少量向前移动。保压压力可以等于或低于注射压力，其大小以能进行压实、补缩、增密作用为量度。保压时间以压力保持到浇口刚好封闭时为好。过早卸压会引起模腔内物料倒流，产生制品不足的毛病。而保压时间过长或保压压力过大，过量的充填会使浇口周围形成内应力。同时因为模腔内物料温度不断降低，取向分子冷却冻结，制品内应力增大，易产生开裂、脱模困难等现象。

（4）制品冷却和预塑化　完成保压程序，卸去保压压力，物料在模腔内冷却定型所需要的时间为冷却时间，冷却时间的长短与塑料的结晶性能、状态转变温度、热导率、比热容、刚性以及制品厚度、模具冷却效率等有关。冷却时间应以塑料在开模顶出时具有足够的刚度，不致引起制品变形为宜。在保证制品质量的前提下，为获得良好的设备效率和劳动生产率，要尽量减少冷却时间及其他各程序的时间，以求缩短完成一次成型所需的全部操作时间——成型周期。除冷却时间外，模具温度也是冷却过程控制的一个主要因素。模温高低与塑料结晶性能、状态转变温度、热性能、制品形样及使用要求、其他工艺条件关系密切。

为缩短成型周期，提高生产效率，当浇口冷却，保压过程结束时，注射机螺杆在液压马达的驱动下开始转动，将来自料斗的塑料向前输送。在机筒外加热和螺杆剪切热的共同作用下，使塑料均匀熔化，最终成为熔融黏流态的流体。在螺杆的输送作用下存积于螺杆头部的机筒中，从而实现塑料原料的塑化。螺杆的转动一方面使塑料塑化并向其头部输送，另一方面也使存积于头部的塑料熔体产生压力，这个压力称为塑化压力（Pa）。由于这个压力的作用，使得螺杆向后退移，螺杆后移的距离反映出螺杆头部机筒中所存积的塑料熔体体积，注射机螺杆的这个后退距离，即每次预塑化熔体体积，也就是注射熔体计量值是根据成型制件所需要的注射量进行调节设定。在螺杆转动而后退到设定的计量值时，在液压和电气控制系统的控制下就停止转动，完成塑料的预塑化和计量，即完成预塑化程序。注射螺杆的尾部是与注射油缸连接在一起的，在螺杆后退的过程中，螺杆要受到各种摩擦阻力及注射油缸内液压油回流的阻力的作用，注射油缸内液压油回流的阻力产生的压力称为螺杆背压。塑料原料在预塑过程中的各种工艺参数（各部分的压力、温度等）是根据不同制件的塑料材料进行设定的。

（5）注射装置后退和开模顶出制品　注射装置后退的目的是为了防止喷嘴和模具长时间接触散热形成冷料，而影响下次注射。可将注射装置后退，让喷嘴脱开模具。此操作是否进行视成型工艺需要选用。

模腔内制品冷却定型后，合模装置即开启模具，顶出机构顶落制品，准备再次闭模，进入下次成型周期。

3. 实验原材料和仪器设备

（1）原材料　聚丙烯（PP）。

（2）仪器设备　注射机（UMMAX-80iⅢ型）。其主要性能参数如下：

注射量/g	100
注射压力/MPa	165
注射速率/(cm³/s)	91
螺杆直径/mm	34
螺杆行程/mm	120
螺杆转速/(r/min)	0～180
合模力/t	60
模板行程/mm	220
注射模具（力学性能试样模具）	1 副

注射机主体结构如图 4-7 所示。

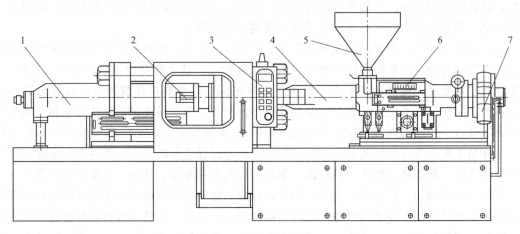

图 4-7　注射成型机

1—合模油缸；2—顶出装置；3—操纵按钮；4—塑化机构；5—料斗；

6—加料计量装置；7—油马达

4. 实验步骤

（1）**准备工作**　阅读 UMMAX-80iⅢ注射机使用说明书，了解机器的工作原理、安全要求及使用程序。

① 了解原料的型号、成型工艺特点及制品（试样）的质量要求，参考有关产品的工艺条件介绍，初步拟订实验条件，如原料的干燥条件；料筒温度和喷嘴温度；螺杆转速，背压及加料量；注射速度、注射压力、保压压力和保压时间；模具温度和冷却时间；制品的后处理条件。

② 按实验设备操作规程的要求，做好注射机的检查、维护工作，并作好开机准备。

③ 用手动/低压开、合模操作，安装好试样模具。

（2）**制备试样**

① 手动操作方式

a. 在注射机显示屏温度值达到实验条件时，再恒温 30min，加入塑料并进行预塑程序，用慢速进行对空注射。观察从喷嘴流出的料条。如料条光滑明亮，无变色、银丝、气泡，说明原料质量及预塑程序的条件基本适用，可以制备试样。

b. 依次进行下列手动操作程序：| 闭模 |——| 预塑 |——| 注射座前移 |——| 注射（充模） |——

保压 —— 预塑/冷却 —— 注射座后退 —— 冷却定型 —— 开模 —— 顶出 —— 开安全门 —— 取件 —— 关安全门。读出并记录注射压力（表值）、螺杆前进的距离和时间、保压压力（表值）、背压（表值）及驱动螺杆的液压力（表值）等数值。记录料筒温度、喷嘴温度、注射-保压时间、冷却时间和成型周期。

从取得的原料制品观察熔体某一瞬间在矩形、圆形流道内的流速分布。通过制得试样的外观质量判断实验条件是否恰当，对不当的实验条件进行调整。

② 半自动操作方式　在确定的实验条件下，连续稳定地制取 5 模以上作为第一组试样。然后依次变化下列工艺条件：注射速度，注射压力，保压时间，冷却时间和料筒温度。

注意：实验时，每一次调节料筒温度后应有适当的恒温时间。

（3）按 GB 1039—79 标准，观察每组试样的外观质量，记录不同实验条件下试样外观质量变化的情况。

5. 数据处理

① 写出实验用原料的工艺特性；记录注射机与模具的技术参数。

② 表列各组试样注射工艺条件，分析试样外观质量与成型工艺条件的关系，简述其原因。

③ 取得的各组试样留作力学、热学性能测试。

6. 思考题

① 在选择料筒温度、注射速度、保压压力、冷却时间的时候，应该考虑哪些问题？

② 从 PP 的化学结构、物理结构分析其成型工艺性能的特点？

第四节　二次成型

有些塑料制品由于技术上或经济上的原因，不能或不适于用模压、挤出、注射等一次成型方法直接取得制品的最终形状，而是需要利用一次成型技术制得的型材或坯件经过再次成型取得制品的最终形状，这就是二次成型。

目前二次成型技术主要包括：中空吹塑成型、热成型、薄膜的双向拉伸以及合成纤维的拉伸。

中空吹塑成型（又称吹塑模塑成型）是借助气体压力使闭合在模具中的热熔塑料型坯吹胀形成空心制品的二次成型技术。它借鉴于历史悠久的玻璃容器吹制工艺。吹塑成型起源于 20 世纪 30 年代，直到 1979 年以后，吹塑成型才进入广泛应用的阶段。是第三种最常用的塑料成型方法，同时也是发展较快的一种塑料成型方法。

中空制品的吹塑包括三种主要方法。挤出吹塑：主要用于未被支撑的型坯加工；注射吹塑：主要用于由金属型芯支撑的型坯加工；拉伸吹塑：包括挤出-拉伸-吹塑，注射-拉伸-吹塑两种方法，可加工双轴取向的制品。此外，还有多层吹塑。但吹塑制品的 75% 用挤出吹塑成型，24% 用注射吹塑成型，1% 用其他吹塑成型。挤出吹塑的优点是生产效率高，设备成本低，模具和机械的选择范围广；缺点是废品率较高，废料的回收、利用差，制品的厚度控制、原料的分散性受限制，成型后必须进行修边操作。挤出吹塑制备中空容器是先挤出管状型坯进入开启的两瓣模具之间，当型坯达到预定的长度后，闭合模具，切断型坯，封闭型坯的上端及底部，同时向管坯中心或插入型坯的针头通入压缩空气，吹胀型坯使其紧贴模腔壁经冷却后开模脱出制品。挤出吹塑制备薄膜是通过环隙口模挤成截面恒定的薄壁管状物，同时由芯棒中心引进压缩空气将其吹胀，被吹胀的泡管在冷却风环、牵引装置的作用下，逐渐地引伸定型；最后导至卷取装置，叠卷成双折的塑料薄膜。

热成型是以各种热塑性塑料片材为成型对象的二次成型技术，主要包括真空成型、压力成型、柱塞辅助成型及它们的组合。所有这些成型技术都需要采用压力（或真空）迫使热的热塑性塑料片材作用于模具表面，从而达到加工的目的。热成型法成型快速而均匀，成型周期较短且模具费用低廉，适于自动化和长时间生产，被认为是塑料成型方法中单位成本效率最高的加工方法。

热成型塑料制品的特点是壁薄，从较小的包装盒到大型的托盘、小艇和娱乐车的外壳，都可采用热成型。用于加工的塑料片材厚度通常为 $1\sim2mm$，少数只有 $0.75mm$ 或更薄，塑料制品的加工平面尺寸可达 $3m\times9m$，这主要取决于所用塑料片材的尺寸和厚度，以及热成型机的加工能力。

首先将裁好成一定尺寸和形状的片材夹在模具的框架上，将其加热到 $T_g\sim T_f$ 间的适宜温度，片材一边受热，一边延伸，然后凭借施加的压力，使其紧贴模具的型面，从而取得与型面相仿的型样，经冷却定型和修正后即得制品。热成型时，施加的压力主要是靠抽真空和引进压缩空气在片材的两面所形成的压力差，但也有借助于机械压力和液压力的。

热成型的特点是成型压力较低，因此对模具要求低，工艺简单，生产率高，设备投资少，能制造面积较大的制品。但所用原料必须经过一次成型，故成本较高，而且制品的后加工较多。但是由于热成型塑料片材的种类日趋繁多，热成型制品的种类也大大增加，制品的应用范围越来越大，热成型在近来取得了较大的发展。尤其是随着热成型工艺和设备的不断改进及计算机模拟手段的应用，热成型已成为可与注射和吹塑等成型相竞争的主要加工方法。

实验三十五　高密度聚乙烯中空吹塑

1. 实验目的要求
① 掌握塑料中空吹塑成型工艺及其成型原理；
② 熟悉塑料中空成型机的操作及使用方法；
③ 了解塑料中空成型机的基本结构。

2. 实验原理
中空吹塑是制造空心塑料制品的成型方法，是借助气体压力使闭合在模腔中的型坯吹胀成为中空制品的二次成型技术。可采用挤出吹塑和注射吹塑两种方法。在成型技术上两者的区别仅在型坯的制作上，其吹塑过程则基本相似。两种方法也各具特色，注射法有利于型坯尺寸和壁厚的准确控制，所得制品规格均一无结缝线痕，底部无边不需进行较多的修饰；挤出法制品形状和大小不太受限制，型坯温度易控制，生产效率高，设备简单投资少，对大型容器的制作，可配以贮料器以克服型坯悬挂时间过长的下垂现象。此法工业生产上采用较多，本实验采用挤出-吹塑法，工艺过程如图 4-8 所示。

用于中空吹塑成型的塑料品种很多，最常用的是聚乙烯（PE）、聚丙烯（PP）、聚氯乙烯（PVC）、聚对苯二甲酸乙二醇酯（PET）、高抗冲聚苯乙烯（HIPS）以及尼龙 6（PA6）、聚碳酸酯（PC）等工程塑料。生产的吹塑制品要求具有优良的抗冲击性和耐环境应力开裂

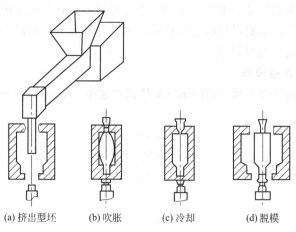

(a) 挤出型坯　　(b) 吹胀　　(c) 冷却　　(d) 脱模

图 4-8　挤出-吹塑工艺过程示意图

性、良好的气密性和抗药性等特点。中空吹塑制品的质量除受原材料特性影响外，成型工艺条件、机头及模具设计等都是十分重要的影响因素。尤其对影响制品壁厚均匀性的诸因素必须严格控制和设计。

（1）型坯温度　吹塑成型过程中，在挤出口模结构尺寸一定的情况下，支配型坯形状的关键是材料的黏弹性行为。而温度的高低直接影响型坯的形状稳定性和吹塑制品的表观质量。温度太高，熔体强度低，易发生型坯切口处料丝牵挂、型坯打褶、下垂严重；模具夹持口不能迫使足够量的熔料进入拼缝线内，造成底薄、拼缝线处强度不足和冷却时间增长等弊病。温度过低，熔料的"模口膨胀"会变得更严重，致使型坯卷曲、壁厚不均和内应力增大，甚至出现熔接不良，模面轮廓花纹不清晰等现象。

（2）充气压力和容积速率　吹塑成型是借助压缩空气的压力吹胀型坯，对吹胀物施加压力使其紧贴吹塑模的型腔壁以取得型腔的精确形状。为使型坯能模制出最清晰的外形轮廓、商标、花纹来，必须使用足够的吹塑压力。其压力的大小随材料模量、型坯温度、制品容积和壁厚而异，一般在 0.4～0.8MPa 范围。而空气的容积速率应尽可能大一些为好，既可以缩短吹塑时间，也有利于制品获得较均匀的厚度和较好的表面质量。但充气速度如果过大将会在空气进口处产生局部真空，造成这部分型坯内陷，影响制品外观质量，甚至把型坯从模口外冲断，以致吹胀无法进行。

（3）挤坯机头和吹塑模具结构特征　挤坯机头通常是直角结构，机头、口模的间隙和形状直接影响吹塑制品壁厚的均匀性，因而其流道应作成流线型，设计时可按照制品的几何形状、吹胀比和"模口膨胀"情况来确定，而模口间隙的大小通过口模中锥形芯轴的轴向移动进行调节。

吹塑模具通常由两瓣构成，如何正确设置夹持口、余料槽、排气孔以及冷却通道等是至关重要的，对提高制品质量和降低成本有重要意义。如夹持口的角度和宽度、余料槽的大小不仅要影响模具闭合严密情况且直接影响制品接缝质量的好坏，至于模腔内开设排气孔，目的是使型坯与模腔之间的残留空气在吹胀过程中顺利逸出。如若模具排气不良，夹气将阻碍塑料型坯贴紧冷模壁，不仅冷却时间拉长且影响塑料的均匀固化，导致制品表面尤其是凹腔、波沟、转角处产生橘皮状斑点或局部变薄等缺陷，甚至在合模时出现模内受压空气膨胀，发生制品炸裂的异常现象。在模具设计中除分型线构成空气逸出的正常渠道外，其强化排气措施是在模腔表面开几条线槽，槽深以确保制品表面不受干扰、不留痕迹为限。

制品在模内的冷却效果是影响生产率的一个重要因素，它与模腔中冷却水道的布置有密切关系。一般来说，冷却道要尽可能靠近模腔，尤其是临近夹持口部位和厚壁部分应注意安排，使制品各部分都能得到均匀冷却。

3. 实验原材料和仪器设备

(1) 原材料　高密度聚乙烯（HDPE）(熔体流动速率 0.2～12g/10min)

(2) 仪器设备

塑料中空吹塑机	1台
吹塑机头	1副
吹塑模具	1副
空气压缩机	1台
水银温度计（0～250℃）	4～5支
半导体点温计（0～300℃）	1支

秒表、测厚量具、剪刀、小铜刀、扳手、手套等实验用具。

4. 实验步骤

① 了解原料工艺特性（如树脂牌号、密度、熔体指数、流变性等），结合基础理论知识和吹塑制品要求，参考表 4-3 拟定出挤出机各段、机头和模具的加热、冷却以及成型过程各工艺条件。

表 4-3　几种塑料吹塑成型工艺条件

工艺条件	LDPE	HDPE	PVC
料筒温度/℃			
后段	100～115	110～125	140～150
中段	140～150	150～160	150～155
前段	155～160	170～185	160～165
机头温度/℃	160～165	185～195	165～175
口模温度/℃	160～165	190～195	165～175
吹塑压力/MPa	3～4	5～8	3～4
充气时间/s	15	10～15	15
模具温度/℃	15～40	20～40	15～40
冷却时间/s	5	5	3

② 熟悉挤出机、吹瓶辅机的操作使用规程（详见该机使用说明书）。接通电源，将辅机控制板上的转换开关置于手动位置。启动辅机各相关的吹塑机构，在慢速运转下校正模具的装配松紧度、拧紧定位螺钉；检查机器各部位运转情况是否符合工艺要求，及时调整到工作状态。

③ 将主机各区段加热至拟定温度，保温 30min。加入备好的试料，慢速启动主机，当熔融管坯挤出口模一小段时间后，注意观察管坯形状、表面状况等外观质量，并剪取一段坯料测量其壁厚和直径，了解"模口膨胀"和管壁均匀程度。随后针对实际情况将加热温度、挤出速度、口模间隙等工艺和设备因素作相应的调整，使管坯质量和各控制仪表的示值处于稳定状态。

④ 将正常操作状态下挤出的型坯引入到已分开的瓣合模型腔中，待型坯达到适当长度时，立即切断型坯，闭合模具。

⑤ 迅速开启通气阀将吹气筒活塞向上顶住瓶口，迫使活塞芯内的钢珠阀打开。压缩空气由此注入将型坯吹胀紧贴型腔，同时排出型坯外壁与模腔之间的残留空气，从而取得与型腔一致的型样。

⑥ 在保持内部压力下用气流或通水冷却模具，待成型制品完全定型后，关闭通气阀和冷却水道，打开模具脱出制品。

⑦ 变动下列工艺因素之一二，重复上述操作过程，观测制品外观质量及性能变化。

a. 由低至高改变口模加热温度。

b. 利用锥芯轴的轴向移动，调节口模间隙以改变型坯壁厚。

c. 由高至低依次改变空气压力。

d. 变换冷却方式（通水或不通水）或冷却时间，观察冷却效果。

实验结束时，先关闭气源再切断电源。

5. 数据处理

① 写出实验用原料的工艺特性；记录中空成型机与模具技术参数。

② 用表列出吹塑成型工艺参数，分析试样质量与成型工艺条件的关系，简述其原因。

6. 思考题

① 说明原料特性（密度、熔体流动速度、结晶度等）与挤出吹瓶工艺条件的关系？

② 比较挤出吹塑与注射吹塑的工艺特征？从哪些工艺、设备因素可改善挤出型坯下垂现象？

实验三十六　低密度聚乙烯吹塑薄膜

1. 实验目的要求

① 掌握挤出吹膜成型工艺并了解生产薄膜的各种方法；

② 熟悉塑料薄膜生产的工艺、设备与操作方法；

③ 了解挤出吹膜机组的基本构成及过程原理。

2. 实验原理

塑料薄膜可以用压延法、流延法、挤出吹塑以及平挤拉伸等方法制作。其中挤出吹塑法生产薄膜最经济，工艺和设备也较简单，操作方便，适应性强；所生产的薄膜幅宽、厚度范围大；强度较高。因此，吹塑法已广泛用于生产聚氯乙烯（PVC）、聚乙烯（PE）、聚丙烯（PP）及其复合薄膜等多种塑料薄膜。

根据吹塑时挤出物走向不同，吹塑薄膜的生产通常分为平挤上吹、平挤平吹和平挤下吹等三种方法（表 4-4）。其过程原理都一样；即将塑料加入挤出机料筒内，借助料筒外部的加热和料筒内螺杆旋转的剪切挤压作用，使固体物料熔融成流动状态的熔体；在螺杆的推动下，塑料熔体逐渐被压实前移，通过环隙口模挤成截面恒定的薄壁管状物；同时由芯棒中心引进压缩空气将其吹胀，被吹胀的泡管在冷却风环、牵引装置的作用下，逐渐地引伸定型；最后导至卷取装置，叠卷成双折的塑料薄膜。

吹塑成型过程中，物料沿螺槽前移至熔体被挤出吹胀成膜，经历着黏度变化，相态转变，拉伸取向，冷却定型等一系列热力学变化，促成这些变化的成型温度、螺杆转速、机头压力以及牵引冷却措施等的提供和配合是否协调，直接影响着薄膜性能的优劣和产量的高低。

表 4-4 吹塑工艺流程比较

工艺流程	优 点	缺 点
平挤上吹法	1. 泡管形状稳定,薄膜厚薄较均匀 2. 占地面积小 3. 易生产规格较大的薄膜	1. 不适宜加工黏度小的原料 2. 要求厂房较高 3. 不利于薄膜冷却
平挤下吹法	1. 有利于薄膜冷却,生产效率较高 2. 适应于加工黏度较小的原料	1. 不适宜于生产较薄的薄膜 2. 由于主机在高台上,操作不方便
平挤平吹法	1. 容易引膜,操作方便 2. 可利用低矮厂房	1. 薄膜厚薄不均,且不易生产大规格薄膜 2. 占地面积较大

吹塑过程中,泡管的纵横向都有伸长,因而两向都会发生分子取向。要制得性能良好的薄膜,纵横两向上的拉伸取向最好取得平衡,也就是纵向上的牵引比(即牵引泡管的速度与挤出塑料熔体的速度之比)与横向上的吹胀比(即泡管的直径与口模直径之比)应尽可能相等。不过,实验时吹胀比因受冷却风环直径的限制,可调范围有很,且吹胀比也不宜过大,过大时会造成泡管的不稳定。由此可见,吹胀比和牵引比很难相等,吹塑薄膜的纵横两向强度总有差异。

为减少薄膜厚薄公差,提高生产效率,如何合理设计成型工艺和严格控制操作条件则是保证吹塑薄膜产量和质量的关键。

一般说来,在机头、口模一定的条件下,挤出机各段、机头、口模的温度拟定和冷却效果是重点考虑的工艺因素。实验时可采用沿料筒、机头、口模逐渐升高物料温度的控制方式,其梯度的大小对不同的塑料各不相同。通常是料筒中物料温度升高,熔体黏度降低,压力减少,挤出流动性增大,有利于提高产量,但物料温度过高或螺杆转速太快,会出现挤出泡管冷却不良,形成不稳定的"长颈"状态,致使泡管起皱黏结而影响使用和后加工。因此,控制较低的物料温度是十分重要的。

风环是最常用的冷却装置,它利用冷却空气通过风环间隙向泡管四周直接吹气而进行热交换,对薄膜起着冷却定型作用。操作上可利用调节风环中风量的大小、移动风环来控制"冷凝线"远近(即泡颈长短),这对稳定泡管、控制薄膜的质量有直接关系,尤其是对聚烯烃等结晶型塑料,当"冷凝线"离口模很近时,熔体快速冷却定型,使薄膜表观质量不佳;离"冷凝线"越远,熔体粗糙度降低,浑浊度下降;但若"冷凝线"控制太远,薄膜结晶度增大不仅透明度降低且影响薄膜横向上的撕裂强度。近年来所提倡的双风口负压风环,芯棒内冷等技术是强化冷却的有效措施。

牵引是调节膜厚的重要装置,牵引辊与口模中心的位置必须对准,以消除薄膜的折皱现象。

除以上工艺设备因素外,要制得性能良好的薄膜,机头、口模的结构设计当然是极其重要的,流道必须通畅,尺寸要精确,不能发生"偏中"现象。

3. 实验原材料和仪器设备

(1)原材料　低密度聚乙烯(LDPE),牌号:1F7B,熔体流动速率为 2.5g/10min,北京燕山石油化工股份有限公司。

(2)仪器设备

单螺杆挤出机　　　　　1台

吹膜机头、口模　　　　1套

空气压缩机	1 台
冷却风环	1 套
吹膜辅机	1 套
电子天平	感量 0.01g
测厚仪	1 套
铜刀	1 套
剪刀	1 把
手套	2 双

本实验采用 SJ-30 型挤出机，其装有加热温度控制表、螺杆转速表、电流计等，可对挤出吹塑过程进行系统的测定和提供各种数据记录；本实验采用平挤平吹法生产薄膜，生产工艺流程如图 4-9 所示，原料从料斗加入，进入挤出机，在挤出机中进行塑化熔融，熔体通过多孔板进一步均匀塑化，从挤出机口模挤出成管坯引出，由管坯内芯棒中心孔引入压缩空气使管坯吹胀成膜管，后经风环空气冷却使其定型；膜泡经人字板压扁，由牵引装置夹紧牵引，并防止压缩空气漏掉，牵引装置由钢辊和橡胶辊组成，其功能是以大于膜管挤出速度拉伸和牵引薄膜，保证薄膜在纵向所需要的强度，并将定型后的薄膜送至收卷装置；收卷装置的作用是将薄膜卷起成平整的膜卷。

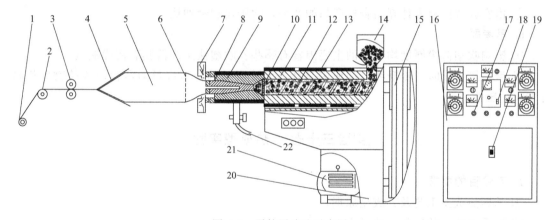

图 4-9 平挤平吹法示意图

1—收卷辊；2—均衡张紧辊；3—橡胶夹辊；4—人字板；5—膜泡；6—冷凝线；7—风环；8—芯模；9—模头；
10—多孔板；11—机筒；12—螺杆；13—加热器；14—料斗；15—传动装置；16—控制箱；17—升温按钮；
18—电动机关启按钮；19—控制箱开关；20—机座；21—电动机；22—压缩空气入口

4. 实验步骤

① 了解原料特性，设定挤出机各段、机头和口模的温度，同时拟定螺杆转速、空气压力、风环位置、牵引速度等工艺条件。

② 熟悉挤出机操作规程。接通电源，开始对需要加热的部位进行加热，同时开启料斗底部夹套水管。检查机器各部分的运转、加热、冷却、通气等是否良好，使挤出机组处于准备工作状态。待各区段预热到设定温度时，立即将口模环形缝隙调至基本均等，同时，对机头部分的衔接、螺栓等再次检查并乘热拧紧。

③ 保温一段时间后（半小时左右），启动主机，在慢速运转下先少量加入塑料，注意电流计、压力表、扭矩值以及出料状况。待挤出的泡管壁厚基本均匀时，戴上手套用手将管状物慢慢引向开动的冷却、牵引装置，随即通入压缩空气。观察泡管的外观质量，结合实验情

况即时协调工艺、设备因素（如物料温度、螺杆转速、口模同心度、空气压力、风环位置、牵引卷取速度等），使整个操作控制处于正常状态。

④ 当泡管形状稳定、薄膜折径已达要求时，切忌任意变化操作控制。在无破裂泄漏的情况下，不再通入压缩空气，此后，管内储存气体足以维持泡管尺寸的稳定。

⑤ 切取一段外观质量良好的薄膜，并记下此时的工艺条件；称得单位时间的质量，同时测其折径和厚度公差。

⑥ 改变工艺条件（如提高料温，增大或降低螺杆转速、调整风量大小、加大压缩空气压力或流量、提高牵引卷取速度……），重复上述操作过程，分别观察和记录泡管外观质量变化情况。

⑦ 实验完毕，逐渐减低螺杆转速，并将挤出机内残存的剩余塑料尽量挤完后停车。趁热用铜刀等实验用具清除机头和衬套中的残留塑料。

5. 数据处理

① 写出实验用原料的工艺特性；记录挤出机、环隙口模以及冷却、牵引辅机的主要技术参数。

② 用表列出实验工艺条件，泡管外观质量和实验中所观察的现象。并分析薄膜质量与原料、工艺条件以及实验设备的关系。

③ 由实验数据分别计算出合格产品的产率，吹胀比和牵伸比。

6. 思考题

① 影响吹塑薄膜厚度均匀性的主要因素有哪些？吹塑法生产薄膜有何优缺点？

② 聚乙烯吹膜时"冷凝线"的成因是什么？冷凝线的位置高低对所得薄膜的物理机械性能有何影响？

实验三十七　热成型实验

1. 实验目的要求

① 掌握热成型工艺及其成型原理；

② 熟悉热成型的操作及成型方法；

③ 了解热成型所用设备和模具。

2. 实验原理

热成型是利用热塑性塑料的片材作为原料来制造制品的一种方法，属于塑料二次加工技术。工业上热成型的方法有许多种，包括差压成型、覆盖成型、柱塞助压成型、回吸成型及对模成型等。这些方法按照制品类型和操作方法的不同，可以有很多的变化。但不管其变化形式如何，基本成型原理是相似的。本实验采用真空差压成型，其过程原理是：将热塑性塑料片材加热至 $T_g \sim T_f$ 间适宜的温度，固定在成型模具上，通过对模具抽真空使片材的上下两面形成压差，促成已软化的片材产生热弹性变形紧贴于模具型腔内表面而取得与模具型面相仿的型样。冷却脱模后切除余边即得制品。

广义上讲，所有热塑性塑料都适合于热成型加工，因为这类塑料都有一个共同特点，即在加热条件下，材料的弹性模量和承受负荷的能力迅速下降。但在实际应用判断一种材料是否适用于热成型还需从材料的热性能、力学性能和聚集态结构等方面具体考虑。

除材料特性外，影响制品质量的因素主要是成型温度和加热技术，当然成型压力、成型速度以及冷却效果也有直接关系。需要按塑料片材的类型、厚度、制品形样等来进行综合选择。

（1）加热 加热片材时间一般占整个热成型周期时间的 50%～80%，而加热温度的准确性和片材各处温度的均匀性，将直接影响成型操作的难易和制品的质量。成型温度应控制到使塑料既有大的伸长率又有适当的拉伸强度，保证片材成型时能经受高速拉伸而不致出现破裂。虽然较低的温度可缩短成型物的冷却时间和节省热能，但温度过低时所得制品的轮廓清晰度不佳；而过高的温度会造成聚合物热降解，并从而导致制品变色和失去光泽。在加热温度范围内，随着温度提高，塑料的伸长率增大，制品的壁厚减少，可成型深度较大的制品，但超过一定温度时，伸长率反而降低。在热成型过程中，片材从加热结束到开始拉伸变形，因工位的转换总有一定的间隙时间，片材会因散热而降温，特别是较薄的、比热容较小的片材，散热降温现象就更加显著，所以片材实际加热温度一般比成型所需的温度稍高一些。

片材加热所必需的时间主要由塑料的品种和片材的厚度确定，通常加热时间随塑料导热性的增大而缩短，随塑料比热容和片材厚度的增大而延长，但这种缩短和延长都不是简单的直线关系，如表 4-5 所示。合适的加热时间，通常由实验或参考经验数据决定。

表 4-5 加热时间与聚乙烯片材厚度的关系

项 目	指 标		
片材厚度/mm	0.5	1.5	2.5
加热到 121℃需要的时间/s	18	36	48
单位厚度加热时间/(s/mm)	36	24	19.2

适宜的加热条件还应保持整个片材各部分在加热过程中都均匀地升温。为此，首先要求所选用的片材各处的厚度尽可能相等。由于塑料的导热性差，在加热厚片时，若为了快速升温而采用大功率的加热器或将片材紧靠加热器，就会出现片材的两面温度相差较大的现象，甚至紧靠加热器的一面被烧伤。为改变这种不利的加热情况，改用可使片材两个表面同时受热的双面加热器，也可采用高频加热或远红外线加热来缩短加热时间。

（2）成型 各种成型方法的成型操作主要是通过施力，使已预热的片材按预定的要求进行弯曲与拉伸变形。对成型最基本的要求是使所得制品的壁厚尽可能均匀。造成制品壁厚不均的主要原因，一是成型片材各部分被拉伸的程度不同，另一是拉伸速度的大小，也就是抽气、充气的气流速率或模具、夹持框等的移动速度的不同。一般来说，高的拉伸速度对成型本身和缩短周期时间都比较有利，但快速拉伸常会因为流动的不足而使制品的凹、凸部位出现壁厚过薄现象；而拉伸过慢又会因片材过度降温引起的变形能力下降，使制品出现裂纹。拉伸速度的大小与片材成型时的温度有密切关系，温度低，片材变形能力小，应慢速拉伸，若要采用高的拉伸速度，就必须提高拉伸时的温度。由于成型时片材仍会散热降温，所以薄型片材的拉伸速度一般大于厚型的。

3. 实验原材料和仪器设备

（1）原材料 硬质聚氯乙烯（PVC）、改性聚苯乙烯（PS）等热塑性片材，要求片材厚度误差±5%以内，表面光洁平整，无缺陷。

（2）仪器设备

真空成型机   1台

夹持片材框架（大小可在一定范围调节）	2 个
单阴模（木制或金属制）	1～3 个
测厚仪（精度 0.01mm）	1 个

备齐直尺、剪刀、手套等实验用具。

本实验采用真空吸塑成型机，系由电器系统、远红外辐射加热烘道、真空系统等几部分组成（参见图 4-10），工作时可根据需要选用单工位或双工位交换吸塑成型。

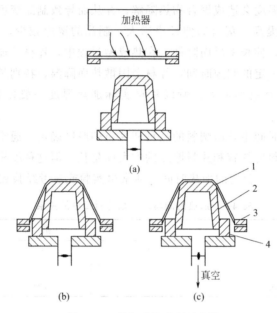

图 4-10　真空吸塑成型示意图
1—片材；2—夹持框架；3—模内框；4—模外框

4. 实验步骤

① 熟悉真空吸塑机操作使用规程。接通电源，备好机器烘道内远红外加热器，用调压器调节好发射板的加热电压。开启真空泵，检查吸塑系统真空度能否达到工艺要求。

② 将片材展开，分辨且标志出压延片材的纵横方向，用测厚仪测量片材厚度（准确至0.01mm），在光亮处检查片材有无孔膜等缺陷。然后按夹持框架尺寸（模具投影面积＋余量）把片材裁剪成一定形样的料坯。

③ 把料坯固定在夹持框架上，展平压紧。夹持时在与料坯相接触的框架表面可衬以橡胶或泡沫塑料垫片，以防塑料片滑移而影响吸气系统的密闭性。

④ 将装好料坯的框架送至烘道内远红外发射板之上，掌握好塑料与发射板之间距，尽可能使各部位得到均匀受热，严防局部过热或加热不足（必要时可在发射板中央位置加用金属丝网进行局部遮罩以改善受热状态），当框架上的料坯预热一定时间后，便可观察到开始出现凹凸起伏膨胀状态，紧接着料坯又逐渐展平张紧，随后变软下垂，此时即为最适宜的成型温度，应立即将夹持框架同预热好的料坯一道移至吸塑模具上，使热弹态的料坯与模具型腔接触形成一密闭系统，然后迅速开启真空管道阀件对模具进行抽空，迫使塑料延伸贴紧模具面取得与型腔相仿的型样。

⑤ 当真空表指针沿相反方向降至一定程度并开始回升时，关闭管道阀件停止对模具抽空，让其自然冷却（或对模具通水冷却）几秒钟，使制品温度降至 T_g 以下，再解除真空。

打开夹持框架取出成型制品，经修边后即得所需制品。

⑥ 改变下列工艺或模具因素，重复上述操作，观察制品外观质量和性能变化。

a. 变更片材的厚度；

b. 由低至高改变对片材的加热温度；

c. 加深或变浅成型模具的深度；

d. 依次降低系统真空度。

5. 数据处理

① 写出实验用片材的特性及规格；记录设备和模具的技术参数。

② 热成型工艺条件列表。分析工艺条件对制品质量的影响。

③ 吸塑制品性能检测

a. 壁厚偏差测试　将吸塑制品沿中心轴剖开，用测厚仪测量各点的壁厚，画出壁厚分布坐标图。

b. 耐热性检测　将吸塑制品放入烘箱内，以 1℃/min 的速度升温到 40℃，停留 60s，测量变形情况，而后逐级间隔 5℃升温，停留受热 60s，观测各级温度变形情况。

6. 思考题

① 与注射成型比较，热成型工艺及其制品有何特点？

② 影响热成型品质量的主要工艺因素有哪些？成型温度的选择依据是什么？

第五节　其他成型

在高分子材料制品的生产过程中，绝大多数采用压制、挤出、注射、压延和二次成型等成型加工方法。但在实际生产中，由于有些制品对性能有特别的要求，或者有些材料的性能具有特殊性，上述这些成型加工方法难以适应，或者缺乏一定的经济性。因此在高分子成型技术中，还有一些其他成型加工方法用来制造高分子材料制品，只是这些方法应用不是很广，而且具有某些针对性。本实验教程介绍的两个实验是泡沫塑料成型。

泡沫塑料是以塑料为基本组分而内部具有无数微小气孔结构的复合材料。由于含有大量气泡，泡沫塑料具有密度低、比强度高，隔热、隔声及吸收冲击载荷的能力。泡沫塑料的这类特性在土木建筑、绝热工程、车辆材料、包装防护、体育及生活器材方面有着良好的应用前景。在塑料制品中占有相当重要的地位。

泡沫塑料的品种繁多，分类方法多种多样。泡沫塑料根据软硬程度不同，可分为软质泡沫塑料、半硬质泡沫塑料和硬质泡沫塑料三种。这种软硬的划分，常以塑料的弹性模量为标准。凡是泡沫塑料在 23℃和 50％相对湿度时的弹性模量大于 700MPa 时称为硬质泡沫塑料；介于 70~700MPa 两者之间的称为半硬质泡沫塑料；小于 70MPa 称为软质泡沫塑料。泡沫塑料按气孔的结构不同，可以分为开孔泡沫塑料和闭孔泡沫塑料两种。开孔或闭孔的泡沫结构是由制造方法所决定的，已形成闭孔的泡沫结构，可借机械施压法或化学方法使其成为开孔结构。

泡沫塑料按其密度又可分为低发泡、中发泡和高发泡。低发泡是指密度为 0.8g/cm³ 以上，气体/固体<1.5；中发泡是指密度为 0.1~0.48g/cm³，气体/固体＝1.5~9；而高发泡则指密度为 0.18g/cm³ 以下，气体/固体＞9。但是，一般也有将发泡倍率在 5 以下的称为低发泡，5 以上的称为高发泡，或以相对密度 0.48 为界限来划分为低发泡或高发泡的。

泡沫塑料的发泡方法主要有物理发泡法、化学发泡法及机械发泡法。泡沫塑料的成型方法主要有注射成型、浇注成型、模压成型和挤出成型。

实验三十八　聚乙烯发泡成型

1. 实验目的要求

① 掌握生产聚烯烃泡沫塑料的基本原理，了解聚烯烃泡沫塑料的主要生产方法；
② 掌握生产聚乙烯泡沫塑料的基本配方，了解配方中各种组分的作用；
③ 掌握实验室制备聚乙烯泡沫塑料的操作过程。

2. 实验原理

泡沫塑料是以树脂为基础、内部具有无数微孔性气体的塑料制品。塑料产生微孔结构的过程称为发泡，发泡前原材料密度与发泡后泡沫塑料密度的比值叫做发泡倍数。泡沫塑料具有比强度高、绝热、隔音、缓冲等特性；树脂结构、发泡体的发泡倍数、气泡结构（气泡的连续性、直径、形状、泡壁厚度、泡内气体成分）等是影响泡沫塑料特性的因素。泡沫塑料的这类特性在土木建筑、绝热工程、车辆材料、包装防护、体育及生活器材方面有着良好的应用前景。通过制备泡沫材料的实验技术，了解泡沫材料的成型工艺原理，分析影响泡沫材料性能的工艺因素。

本实验是以低密度聚乙烯（LDPE）为主要原料，用化学交联，化学发泡，并用一步法模压制备泡沫材料。

（1）化学交联　由于 LDPE 树脂熔融后的黏度急剧下降和出现高弹态的范围不宽（图 4-9 所示），因此发泡时发泡剂分解出来的气体不易保持在树脂中，致使发泡工艺难以控制。聚乙烯的结晶度较大，结晶又快；从熔融态转至晶态时要放出大量的结晶热；熔融聚乙烯的比热较大；从熔融态冷却到固态时间较长；再者 LDPE 的气体透过率高等，这些都会促使发泡气体逃逸机会增大。克服这种缺点的最有效方法是使聚乙烯分子交联成为网状结构以提高树脂的熔融黏度和使黏度随温度的升高而缓慢降低，从而调整熔融物的黏弹性以适应发泡要求。其情况如图 4-11。

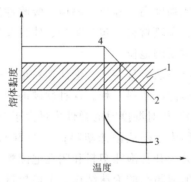

图 4-11　LDPE 温度与熔体黏度的关系
1—最宜发泡的熔体温度；2—交联 LDPE；3—无交联 LDPE；4—熔点

LDPE 交联有化学交联及辐射交联两类技术，化学交联通常采用有机过氧化物作交联剂。以过氧化二异丙苯（DCP）作交联剂为例，在不同温度下的半衰期如表 4-6，表中温度和半衰期的时间可以作为拟定发泡工艺条件的参考数值，LDPE 的交联过程是：

① 加热条件下，DCP 分解为自由基，再分解为新自由基。

$$C_6H_5—C(CH_3)_2—O—O—CH(CH_3)_2—C_6H_5 \longrightarrow 2C_6H_5—C(CH_3)_2—O\cdot$$

$$C_6H_5—C(CH_3)_2—O\cdot \longrightarrow C_6H_5—\underset{O}{\overset{||}{C}}—CH_3 + CH_3\cdot$$

② 自由基夺取 LDPE 大分子链（多数是支链位置叔碳原子）的氢，生成大分子自由基。

$$—CH_2—CH_2—CH_2—\underset{R}{\overset{|}{CH}}— + C_6H_5—C(CH_3)_2—O\cdot \longrightarrow C_6H_5—C(CH_3)_2—OH + —CH_2—CH_2—CH_2—\underset{R}{\overset{|}{C}}\cdot$$

$$CH_3\cdot + —CH_2—CH_2—CH_2—\underset{R}{\overset{|}{CH}}— \longrightarrow CH_4 + —CH_2—CH_2—CH_2—\underset{R}{\overset{|}{C}}\cdot$$

R 为 H—；C_2H_5— 或 C_4H_9—。

③ 大分子自由基相互结合而产生 C—C 交联键，得到交联聚乙烯。

表 4-6 DCP 在不同温度下的半衰期

温度/℃	101	115	130	145	171	175
半衰期/min	6000	744	108	18	1	0.75

（2）化学发泡 化学发泡剂分为有机的和无机的两类，属于有机发泡剂的偶氮二甲酰胺（ADCA）是 LDPE 最常用的发泡剂，加热时主分解反应是：

$$H_2N—CO—N=N—CO—NH_2 \longrightarrow N_2 + CO + NH_2CONH_2$$

ADCA 分解是一个复杂的反应过程，气体物质除 N_2（占 65%）、CO（占 32%）外尚有少量的 CO_2（约占 2%）、NH_3 等。此外，固体物质有脲、联二脲、脲唑、三聚氰酸等，这些固体物易在成型模具处结垢，连续发泡过程时应设法除去。

ADCA 分解的发气量 220mL/g（标准状态）、分解放热 168kJ/mol，在塑料中的分解温度为 165～200℃。在此分解温度下，交联的 LDPE 熔体黏度会明显降低，黏弹性变差，给发泡工艺过程造成新的困难。因此要在发泡工艺的原料配方中加入某些助剂降低发泡剂分解温度，加快发泡分解速度，这类助剂称为发泡促进剂。ADCA 的发泡促进剂有铅、锌、镉、钙的化合物，有机酸盐以及脲等。本实验所用的发泡促进剂氧化锌（ZnO）。硬脂酸锌（ZnSt，兼作润油剂）用量与发泡剂 ADCA 分解温度的关系见图 4-12 和图 4-13。

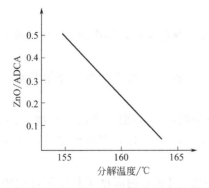

图 4-12 ZnO 与 ADCA 分解温度的关系

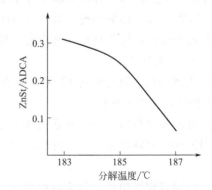

图 4-13 ZnSt 与 ADCA 分解温度的关系

（3）一步法模压成型 实验时，先按配方配齐原料，而后在开炼机上进行混炼，混炼温度应在树脂熔点之上，但须注意保持在交联剂和发泡剂分解温度以下，以防止过早交联和发泡致使以后发泡不足或降低制品的质量。经过充分混炼的料片裁切后即加入模具并放入压机。在加热和加压下，交联剂分解使树脂交联，随之再进一步提高温度使发泡剂分解而发泡。发泡剂分解完毕后，卸压使热的熔融物膨胀弹出而完成发泡。

3. 实验原材料和仪器设备

（1）原材料（配方）

低密度聚乙烯（LDPE）：密度 $0.920\sim0.924g/cm^3$，熔体流动速率 $<10g/min$

过氧化二异丙苯（DCP）：工业一级品

偶氮二甲酰胺（ADCA）：工业一级品

氧化锌（ZnO）：化工一级品

硬脂酸锌（ZnSt）：化工一级品

（2）仪器设备

天平：感量 0.1g	1 台
天平：感量 1g	1 台
密炼机	1 台
双辊开炼机（SK-160B）	1 台
平板硫化机（XLB-D350mm×350mm×2）	1 台
发泡模具（160mm×160mm×3mm）	1 套
整形模具（长×宽：350mm×300mm）	1 套
泡沫材料测厚仪或游标尺（精度 0.02mm）	1 件

4. 实验步骤

① 测定 LDPE 树脂的密度和熔融流动速率。

② 按表 4-7 原料配方，计算出 LDPE 质量为 45g 时加入助剂的质量。

表 4-7 原材料实验配方   单位：质量份

LDPE	DCP	ADCA	ZnO	ZnSt
100	0.2~1.0	4	0.8	1.2
45				

用天平（感量 1g）称量 LDPE 于容器中，按发泡促进剂、交联剂、发泡剂顺序分别用天平（感量 0.1g）称量助剂并放入容器中。

③ 按密炼机的操作规程，开启密炼机；设定密炼机混料参数，温度为 120℃，转子速度为 60r/min，时间 10min。

④ 当密炼机的温度到达 120℃，并在此温度下恒定 3min，校正扭矩，开始实验；打开上顶栓加料，放下上顶栓。

⑤ 在实验进行过程中，观察密炼室中时间-转矩和时间-熔体温度曲线，从物料的转矩-温度-时间曲线判断物料熔融，并已均匀后或经密炼 10min 后，打开密炼机卸料，立即辊炼放片。

⑥ 启动双辊炼塑机，调节辊距为 3~4mm，在 100~120℃ 的温度下将密炼好的团块状物料辊炼 1~2 次，取下成为发泡使用的片坯。

⑦ 片坯未冷却变硬时，裁切为略小于 160×160mm 的正方块。

⑧ 按发泡模具型腔容积（同学在实验前）计算的质量数值，用天平（感量 1g）称量

片坯。

⑨ 将已恒温 160～180℃的发泡模具清理干净，置于平板硫化机下工作台中心部位，放入已称量的片坯。

⑩ 合模加压至平板硫化机液压表压为 10MPa（同学实验前换算 kgf/cm²），开始计算模压发泡成型时间。

⑪ 在模具温度 160～180℃下，模压发泡成型 10～12min。解除压力，迅速开模取出泡沫板材，置于整形模具的二块模板间定型 2～6min。

⑫ 用三角尺（自备）在泡沫板材面画出 100×100mm 的正方形，剪切成块，用泡沫材料测厚仪或游标尺测量各边的厚度；用天平（感量 0.1g）称量泡沫块的质量。

⑬ 在泡沫板材表面及切断面用肉眼或放大镜观察气泡结构及外观质量缺陷（如熔接痕、翘曲、僵块、凹陷等）状况。

⑭ 用切样机切取试样，测试拉伸强度及断裂伸长率。

5. 数据处理

① 按平板硫化机技术参数，计算模压成型的模压压强（MPa）。

② 根据检测数据，计算泡沫材料的发泡倍数。

③ 解释实验过程中测得的物料转矩-温度-时间曲线。

6. 思考题

同一塑料的模压成型与模压发泡成型有何特点？

实验三十九　聚氨酯发泡成型

1. 实验目的要求

① 掌握聚氨酯泡沫塑料的几种主要生产方法；

② 熟悉生产聚氨酯泡沫塑料的基本配方，了解配方中各种组分的作用。

2. 实验原理

聚氨酯泡沫塑料是由含有羟基的聚醚或聚酯树脂、异氰酸酯、催化剂、水及其他助剂共同反应生成的。自过程开始至终结都伴有化学反应，而且不止一种反应。因此制备时按所用原料不同可以分为聚醚型和聚酯型聚氨酯泡沫塑料；按制品的性能不同，可以分为软质、半硬质、硬质泡沫塑料。软质聚氨酯泡沫塑料的生产方法有三种工艺。

（1）预聚体法　把配料中全部聚酯（或聚醚）和异氰酸酯反应生成预聚体，然后在催化剂的作用下，与水反应产生气体并生成泡沫塑料。

（2）半预聚体法　先制预聚体，首先把过量的异氰酸酯与聚酯（或聚醚）反应，制成预聚体，所得预聚体的游离异氰酸根含量范围在 20%～35% 之间，发泡时再把预聚体和聚酯（或聚醚）、发泡剂、泡沫稳定剂、催化剂等混合反应即得聚氨酯泡沫塑料。

（3）一步法　把聚醚（或聚酯）、二异氰酸酯、水、催化剂、泡沫稳定剂及其他添加剂等原料一步加入。在短时间内几乎同时进行气体发生及交联反应。当物料混合均匀后 1～10s 便开始发泡，0.5～3min 内发泡完毕并得到具有较高分子量和一定交联密度的泡沫制品。要制得泡沫孔径均匀和性能优异的泡沫体，必须采用复合催化剂和控制合适的条件，使三种反应得到较好的协调。为了得到均匀的泡孔，移去反应热，避免泡沫芯部因高温而产生"烧焦"还需加外发泡剂。在发泡过程中产生如下化学反应。

① 异氰酸酯和羟基的反应　多异氰酸酯与多元醇（聚醚和聚酯）反应生成氨基甲酸酯。

$$n\,OCN\!-\!R\!-\!NCO + n\,HO\!\sim\!\sim\!OH \longrightarrow \!-\!(\overset{\displaystyle O}{\overset{\displaystyle \|}{C}}NH\!-\!R\!-\!NH\!-\!\overset{\displaystyle O}{\overset{\displaystyle \|}{C}}\!-\!O\!\sim\!\sim\!O)_{\overline{n}}$$

② 异氰酸和水反应　带有异氰酸酯基团的化合物或高分子链节与水先形成不稳定的氨基甲酸，然后分解成胺和二氧化碳，胺进一步和异氰酸酯基反应生成含有脲基的高聚物。

$$\sim\!\sim\!NCO + H_2O \longrightarrow \sim\!\sim\!NHCOOH \longrightarrow \sim\!\sim\!NH_2 + CO_2\uparrow$$

$$\sim\!\sim\!NCO + \sim\!\sim\!NH_2 \longrightarrow \sim\!\sim\!NH\!-\!CO\!-\!NH\!\sim\!\sim$$

③ 脲基甲酸酯反应　氨基甲酸酯基团中氮原子上的氢与异氰酸酯反应，形成脲基甲酸酯。

$$\sim\!\sim\!NCO + \sim\!\sim\!NHCOO\!\sim\!\sim \longrightarrow$$

④ 缩二脲反应　脲基中氮原子上的氢与异氰酸酯反应形成缩二脲。

$$\sim\!\sim\!NCO + \sim\!\sim\!NH\!-\!CO\!-\!NH\!\sim\!\sim \longrightarrow$$

3. 实验原材料和仪器

（1）原材料　聚醚三元醇（分子量 3000），甲苯二异氰酸酯（水分≤0.1％，纯度 98％，异构比为 65/35 或 80/20），三乙烯二胺（纯度 98％），二月桂酸二丁基锡（Sn 含量 17％～19％），水溶性硅油，蒸馏水。

（2）仪器　烧杯，锥形瓶，搅拌器，玻璃棒，模具，天平，量筒。

4. 实验步骤

① 按表 4-8 配方称料。

表 4-8　软醚型软质聚氨酯泡沫塑料配方

组　分	质量份	组　分	质量份
聚醚三元醇	100	水溶性硅油	1.0
甲苯二异氰酸酯	35～40	三乙烯二胺	1.0
二月桂酸二丁基锡	0.1	蒸馏水	2.5～3.0

② 准备好浇铸模具（方形牛皮纸盒也可以）。

③ 将称量完的聚醚树脂、三乙烯二胺、二月桂酸二丁基锡、水溶性硅油、甲苯二异氰酸酯加入烧杯中，立即高速搅 30s 后注入模具中。

④ 将聚氨酯泡沫塑料连模具一同送入烘箱在 60℃条件下熟化 30min 后取出制品。

⑤ 若要开孔型泡沫塑料，可进一步通过辊压得到。

⑥ 用电热丝切割成需要的形状。

5. 思考题

① 聚氨酯泡沫塑料生产方法主要有哪几种？

② 试分析成型温度和熟化温度对聚氨酯泡沫塑料性能的影响？

附　　录

附表一　部分聚合物在溶剂中的溶解性

聚合物	溶　剂	沉淀剂
聚氯乙烯	环己酮-丙酮(1:3)	甲醇
	二氧六环-甲乙酮	环己烷
	环己酮	甲醇或正丁醇
	硝基苯	甲醇
	氯苯	苯
	四氢呋喃	水
聚乙烯	二甲苯(热)	乙醇
	二甲苯	甲醇或正丙醇或丙二醇
	甲苯	正丙醇
聚乙烯醇	水	含水丙酮或甲醇
	乙醇	苯
尼龙 6	甲酚	环己烷
	甲酸	水
尼龙 66	甲酚	甲醇或水
	甲酸	水
聚甲基丙烯酸甲酯	丁酮	甲醇
	丙酮	甲醇、水、己烷
	苯	甲醇
	氯仿	石油醚
聚苯乙烯	苯、甲苯、丁酮或氯仿	甲醇或乙醇
聚醋酸乙烯	丙酮或甲醇	水
聚偏二氯乙烯	四氢化萘	乙醇-石油醚
聚丙烯腈	二甲基甲酰胺	甲醇或庚烷或庚烷-乙醚
	羟乙腈	苯-乙醇
聚丙烯酰胺	水	乙醇
聚硫代丙烯酰胺	苯	甲醇
聚卤代丙烯酸酯	二氧六环	乙醚或乙醇
	苯	石油醚
	丙酮	甲醇

续表

聚合物	溶剂	沉淀剂
聚甲基乙烯基酮	丙醇	水
聚乙烯基吡啶	甲醇	乙醚
	水	丙酮
	乙醇	苯
醋酸纤维素	丙酮	水、乙醇、正庚烷或乙酸丁酯
硝化纤维素	丙酮	水、甲醇-水或石油醚
聚异丁烯	苯	甲醇
天然橡胶	苯	甲醇

附表二 部分塑料的吸水性

单位：%

品　种	吸水率	品　种	吸水率	品　种	吸水率
聚乙烯	<0.01	聚对苯二甲酸乙二酯	0.1～0.2	聚碳酸酯	0.15
聚丙烯	0.01～0.03	尼龙6	1.3～1.9	聚甲基丙烯酸甲酯	0.1～0.4
聚苯乙烯	0.01～0.03	尼龙66	0.9～1.0	聚偏氯乙烯	0.1
高抗冲聚苯乙烯	0.1	ABS树脂	0.2～0.6	聚四氟乙烯	0.00
乙烯-醋酸乙烯共聚物	0.05～0.13	聚甲醛	0.22～0.40		

附表三 部分聚合物的密度

单位：g/mL

聚合物	密度	聚合物	密度
聚氨酯泡沫	0.01～0.40	聚氨酯(线型)	1.17～1.22
聚苯乙烯泡沫	0.02～0.30	聚碳酸酯(双酚A)	1.20
聚乙烯泡沫	0.47	聚乙烯醇	1.21～1.32
低密度聚乙烯	0.89～0.93	硬聚氯乙烯	1.38～1.41
高密度聚乙烯	0.94～0.98	软聚氯乙烯	1.20～1.35
聚丙烯	0.89～0.91	聚甲醛	1.43
乙烯-醋酸乙烯共聚物	0.93～0.96	聚四氟乙烯	2.10～2.30
聚苯乙烯	1.04～1.07	聚四基丙烯酸甲酯	1.17～1.20
氯化聚乙烯	1.09～1.18	乙丙橡胶	0.85～0.87
尼龙	1.12～1.15	丁基橡胶	0.90
尼龙	1.09～1.14	丁苯橡胶	0.93
ABS树脂	1.01～1.15	天然橡胶	0.93
聚对苯二甲酸乙二醇酯	1.38～1.41	丁腈橡胶	0.95～1.05

附表四　部分聚合物的缺口 Izod 冲击强度（24℃）

单位：$10^{-1}kJ/m$

聚合物	冲击强度	聚合物	冲击强度
低密度聚乙烯	＞84.8	尼龙 66	5.3～15.9
高密度聚乙烯	2.15～107	聚甲醛	10.6～15.9
聚丙烯	2.65～10.5	聚碳酸酯	63～68.9
聚苯乙烯	1.3～2.1	ABS 树脂	5.3～53
硬聚氯乙烯	2.1～15.9	酚醛塑料	1.3～1.9
聚甲基丙烯酸甲酯	2.1～2.6	聚苯醚	26.5
聚四氟乙烯	10.6～21.2	聚砜	6.8～26.5
尼龙 6	5.3～15.9		

附表五　部分聚合物的热导率

单位：$W/(m \cdot K)$

聚合物	热导率	聚合物	热导率	聚合物	热导率
低、高密度聚乙烯	0.33	尼龙,30%玻纤增强	0.17～0.50	醋酸纤维素	0.17～0.33
聚丙烯,通用级	0.17～0.196	聚甲醛	0.22	聚苯醚	0.159～0.216
聚丙烯,高抗冲	0.247	ABS 树脂	0.14～0.35	聚苯硫醚	0.286
聚苯乙烯,通用级	0.10～0.156	聚碳酸酯	0.196～0.204	聚砜	0.26
聚苯乙烯,高抗冲	0.042～0.156	ABS/碳酸酯	0.137	天然橡胶	0.14
尼龙,通用级	0.17～0.24	丙烯酸树脂	0.21～0.22	氯磺化聚乙烯	0.112

附表六　部分塑料的线膨胀系数

单位：$10^{-6}K^{-1}$

聚合物	线膨胀系数	聚合物	线膨胀系数	聚合物	线膨胀系数
低密度聚乙烯	160～198	聚酯（PBT）	72	聚甲醛	85
高密度聚乙烯	149～301	聚酯（PBT）,45% 及15%玻纤增强	50～63	丙烯酸树脂	54～108
聚丙烯,高抗冲	72～106	聚酯（PBT）,30% 及10%矿物增强	75～86	醋酸纤维素	79～162

续表

聚合物	线膨胀系数	聚合物	线膨胀系数	聚合物	线膨胀系数
聚丙烯,通用级	68～104	聚酯(PBT),45％及35％玻纤矿物增强	50～68	聚苯醚	33～38
聚苯乙烯,通用级	59～86	ABS树脂	29～130	聚苯硫醚	40
聚苯乙烯,高抗冲	40～101	尼龙,通用级	81～90	聚砜	59
氯化聚乙烯	68	尼龙,30％玻纤增强	22～45		

附表七　部分塑料的热变形温度

单位：K

聚合物	热变形温度	聚合物	热变形温度	聚合物	热变形温度
聚丙烯,通用级	330～333	聚酯(PBT)	324～328	聚砜	447～458
聚丙烯,高抗冲	322～333	聚酯(PBT),35％及45％玻纤增强	464～480	聚芳砜	547
聚丙烯,玻纤增强	394～422	聚碳酸酯	400～419	聚苯硫醚	410
聚苯乙烯	372～378	ABS树脂	333～391	醋酸纤维素	320～360
氯化聚氯乙烯	368～385	ABS/聚碳酸酯	370	氟碳树脂(PTFCE)	333～354
尼龙,通用级	341～378	聚甲醛	373～436		
尼龙,30％玻纤增强	489～530	硬质环氧树脂422～547	422～547		

注：测试条件为1.82MPa负荷。

附表八　部分塑料的介电强度（E_b）

单位：10^6 V/m

高聚物	E_b	高聚物	E_b	高聚物	E_b
聚乙烯,低密度、高密度及高分子量聚乙烯	18.8	聚苯乙烯,30％玻纤增强	15.6	ABS	11.8～16.3
聚丙烯,通用级	25.6	聚酯(PBT)	21.2～29.5	聚碳酸酯	15.0～17.7
聚丙烯,高抗冲	17.1～25.6	聚甲醛	19.7	聚碳酸酯,40％玻纤增强	17.7
聚丙烯,玻纤增强	12.5～18.7	聚甲醛,20％～25％玻纤增强	19.7～22.8	聚砜	16.7
聚氯乙烯	28.5～54.1	尼龙,通用级	15.2～18.5	聚砜,30及40％玻纤增强	18.9
聚苯乙烯,通用级	＞19.7	尼龙,30％玻纤增强	15.7～17.7	聚苯硫醚	23.4～
聚苯乙烯,抗冲	11.8～25.6	尼龙,40％玻纤增强	17.7	酚醛树脂	7.8～16.7

附表九 部分塑料的介电常数（ε）

聚合物	ε	聚合物	ε	聚合物	ε
聚乙烯	2.3	聚甲基丙烯酸甲酯	3.8	聚碳酸酯,40%玻纤增强	3.48
聚丙烯	2.0～3.2	聚四氟乙烯	2.1	ABS/碳酸酯	3.2～3.6
聚氯乙烯	3.8	尼龙6,通用级	3.5～3.8	聚甲醛	3.7
聚苯乙烯,通用级	2.5～2.7	尼龙6,30%玻纤增强	3.5～5.4	聚甲醛均聚物,20%玻纤增强	4.0
聚苯乙烯,抗冲	2.4～4.0	ABS	2.4～3.2	聚甲醛共聚物,25%玻纤增强	3.9
氯磺化聚乙烯	8～10	聚碳酸酯	3.0～3.1	聚氨酯	9.0

注：测试条件为60Hz，ASTM D150。

附表十 部分聚合物的极限氧指数（LOI）

聚合物	LOI	聚合物	LOI
聚乙烯	0.18	聚甲基丙烯酸甲酯	0.17
聚丙烯	0.18	聚丙烯腈	0.18
聚苯乙烯	0.185	尼龙6	0.22
聚乙烯醇	0.22	尼龙66	0.22
软聚氯乙烯	0.22～0.40	聚碳酸酯	0.27
聚偏二氯乙烯	0.60	酚醛树脂	0.35
硬聚氯乙烯	0.42	聚对苯二甲酸乙二醇酯	0.21
氯磺化聚乙烯	0.25	乙丙橡胶	0.18
聚氟乙烯	0.225	天然橡胶	0.185
聚偏二氟乙烯	0.44	顺丁橡胶	0.185
聚四氟乙烯	0.95	硅橡胶	0.26
聚甲醛	0.15	氯丁橡胶	0.40

附录十一 部分聚合物的渗透系数

聚合物	气体或蒸气渗透系数$\times 10^{10}/cm^2$（标准状态）·$mm(cm^2 \cdot s \cdot cmHg$柱$)$[①]			
	N_2	O_2	CO_2	H_2O
聚乙烯	3.5～20	11～59	43～260	120～200
聚丙烯	4.4	23	92	700

聚合物	气体或蒸气渗透系数$\times 10^{10}/cm^2$（标准状态）$\cdot mm(cm^2 \cdot s \cdot cmHg$柱$)$[①]			
	N_2	O_2	CO_2	H_2O
聚氯乙烯	0.4～1.7	1.2～6	10.2～37	2600～6300
聚苯乙烯	3～80	15～250	75～370	10000
聚酰胺	0.1～0.2	0.36	1.6	700～17000
聚甲醛	0.22	0.38	1.9	500～10000
聚碳酸酯	3	20	85	7000
聚氨酯	4.3	15.2～48	140～400	3500～125000
聚乙烯醇	—	—	—	29000～140000
酚醛塑料	0.95			
聚四氟乙烯	—	—	—	360
氯磺化聚乙烯	11.6	28	208	12000
天然橡胶	84	230	1330	30000
丁腈橡胶	2.4～25	9.5～82	75～636	10000
氯丁橡胶	11.8	40	250	18000
丁苯橡胶	63.5	172	1240	24000
硅橡胶		1000～6000	6000～30000	106000

① $1cm^3$（标准状态）$\cdot mm(cm^2 \cdot s \cdot cmHg$柱$)=7.5cm^3$（标准状态）$\cdot mm(cm^2 \cdot s \cdot Pa)$。

附表十二　塑料部分性能测试国家标准（GB）

塑料试验方法国家标准目录（2000年版）

标　准　编　号	标　准　名　称
GB/T 1033—1986	塑料密度和相对密度试验方法
GB/T 1034—1998	塑料吸水性试验方法
GB/T 1035—1970	塑料耐热性（马丁）试验方法
GB/T 1036—1989	塑料线膨胀系数测定方法
GB/T 1037—1988	塑料薄膜和片材透水蒸气性试验方法杯式法
GB/T 1038—1970	塑料薄膜透气性试验方法
GB/T 1039—1992	塑料力学性能试验方法总则
GB/T 1040—1992	塑料拉伸试验方法
GB/T 1041—1992	塑料压缩性能试验方法
GB/T 1043—1993	硬质塑料简支梁冲击试验方法
GB/T 1633—1989	塑料软化点（维卡）试验方法
GB/T 1634—1989	塑料弯曲负载热变形温度（简称热变形温度）试验方法
GB/T 1636—1989	模塑料表观密度试验方法
GB/T 2406—1993	塑料燃烧性能试验方法氧指数法

标 准 编 号	标 准 名 称
GB/T 2408—1996	塑料燃烧性能试验方法水平法和垂直法
GB/T 2410—1989	透明塑料透光率和雾度试验方法
GB/T 2411—1989	塑料邵氏硬度试验方法
GB/T 2918—1998	塑料试样状态调节和试验的标准环境
GB/T 5470—1985	塑料冲击脆化温度试验方法
GB/T 5471—1985	热固性模塑料压塑试样制备方法
GB/T 5472—1985	热固性模塑料矩道流动固化性试验方法
GB/T 6342—1996	泡沫塑料与橡胶线性尺寸的测定
GB/T 6343—1995	泡沫塑料和橡胶表观(体积)密度的测定
GB/T 6344—1996	软质泡沫聚合物材料拉伸强度和断裂伸长率的测定
GB/T 6669—1986	软质泡沫聚合材料压缩永久变形的测定
GB/T 8332—1987	泡沫塑料燃烧性能试验方法水平燃烧法
GB/T 8333—1987	硬泡沫塑料燃烧性能试验方法垂直燃烧法
GB/T 9341—1988	塑料弯曲性能试验方法
GB/T 9342—1988	塑料洛氏硬度试验方法
GB/T 9352—1988	热塑性塑料压缩试样的制备
GB/T 11997—1989	塑料多用途试样的制备和使用
GB/T 13525—1992	塑料拉伸冲击性能试验方法
GB/T 14694—1993	塑料压缩弹性模量的测定
GB/T 15585—1995	热塑性塑料注射成型收缩率的测定
GB/T 16419—1996	塑料弯曲性能小试样试验方法
GB/T 16420—1996	塑料冲击性能小试样试验方法
GB/T 16421—1996	塑料拉伸性能小试样试验方法

附表十三　塑料部分性能测试美国材料试验协会标准（ASTM）

标 准 编 号	标 准 名 称
ASTM D 149—92	固体电绝缘材料工频介电击穿电压和介电强度的试验方法
ASTM D 150—92	固体电绝缘材料交流损耗特性和电容率(介电常数)的试验方法
ASTM D 256—92	塑料和电绝缘材料抗冲击性能试验方法
ASTM D 257—92	塑料体积电阻率试验方法
ASTM D 570—81	塑料吸水试验方法
ASTM D 638—91	塑料拉伸性能试验方法
ASTM D 648—82	塑料弯曲负荷下热变形温度试验方法
ASTM D 695—91	硬质塑料压缩性能的试验方法

标 准 编 号	标 准 名 称
ASTM D 696—91	塑料线膨胀系数试验方法
ASTM D 746—79	塑料低温脆化温度的试验方法
ASTM D 790—92	非增强,增强塑料和电绝缘材料弯曲性能的试验方法
ASTM D 955—89	从模塑塑料的模塑尺寸测定收缩率的试验方法
ASTM D 1003—92	透明塑料雾度和透光率的试验方法
ASTM D 1238—90	塑料熔体流动速率试验方法
ASTM D 1505—90	用密度梯度法测塑料密度的试验方法
ASTM D 1525—91	塑料维卡软化点试验方法
ASTM D 1591	塑料介电常数和损耗正切的试验方法
ASTM D 2396—94	扭矩流变仪测量 PVC 树脂粉末混合时间的标准试验方法
ASTM D 3641—97	热塑性模塑和挤塑材料的注塑成型试样的标准操作规程
ASTM D 3682—89	热塑性塑料熔体流动速率试验方法
ASTM D 3795—93	用扭矩流变仪测量热固性塑料热流动和固化性能标准试验方法
ASTM D 3835—96	用毛细管流变仪法测定聚合物材料的流变特性
ASTM D 5023—95a	用三点弯曲法测定塑料动态力学性能试验方法
ASTM D 5420—98a	落锤冲击法(Gardner Impact)平板硬质塑料试样耐冲击性试验方法
ASTM D 5422—93	用螺杆挤出毛细管流变仪测定热塑性塑料材料特性的试验方法

参 考 文 献

[1] 吴智华. 高分子材料加工工程实验教程. 北京：化学工业出版社，2004.
[2] 周维祥. 塑料测试技术. 北京：化学工业出版社，1997.
[3] 罗权焜，刘维锦. 高分子成型加工设备. 北京：化学工业出版社，2007.
[4] 作世荣. 塑料助剂. 北京：轻工业出版社，1997.
[5] 王加龙. 高分子材料基本加工工艺. 北京：化学工业出版社，2007.
[6] 朱敏. 橡胶化学与物理. 北京：化学工业出版社，1984.
[7] 史玉升，李远才，杨劲松. 高分子材料成型工艺. 北京：化学工业出版社，2006.
[8] 张留成. 高分子材料导论. 北京：化学工业出版社，1995.
[9] 吴其晔，巫静安. 高分子流变学. 北京：高等教育出版社，2005.
[10] 顾国芳，浦鸿汀，聚合物流变学基础. 上海：同济大学出版社，2005.
[11] 刘长维. 高分子材料与工程实验. 北京：化学工业出版社，2004.
[12] 何曼君，陈维孝，董西侠. 高分子物理. 上海：复旦大学出版社，1991.
[13] 刘建平，郑玉斌. 高分子科学与材料工程实验. 北京：化学工业出版社，2005.
[14] 北京大学化学系高分子研究室. 高分子物理实验. 北京：北京大学出版社，1983.
[15] 欧国荣，张德震. 高分子科学与工程实验. 上海：华东理工大学出版社，1998.
[16] 王小妹，阮文红. 高分子加工原理与技术. 北京：化学工业出版社，2006.
[17] 周达飞，唐颂超. 高分子材料成型加工. 北京：中国轻工业出版社，2005.
[18] 吴培熙，王祖玉. 塑料制品生产工艺手册. 北京：化学工业出版社，1993.